高等职业技术教育"十三五"规划教材——工程测量技术类

工程控制测量

（第 2 版）

主　编　杨　柳　左智刚

副主编　曾庆伟　刘　莎

主　审　孟鲁闽

U0205744

西南交通大学出版社
·成　都·

图书在版编目（CIP）数据

工程控制测量 / 杨柳，左智刚主编. —2 版. —成
都：西南交通大学出版社，2017.5（2024.7 重印）
ISBN 978-7-5643-5441-1

Ⅰ. ①工… Ⅱ. ①杨… ②左… Ⅲ. ①工程测量 – 控
制测量 – 教材 Ⅳ. ①TB22

中国版本图书馆 CIP 数据核字（2017）第 103448 号

工程控制测量

（第 2 版）

主 编／杨 柳 左智刚

责任编辑／王 旻
特邀编辑／王玉珂
封面设计／何东琳设计工作室

西南交通大学出版社出版发行

（四川省成都市金牛区二环路北一段 111 号西南交通大学创新大厦 21 楼 610031）
发行部电话：028-87600564
网址：http://www.xnjdcbs.com
印刷：四川森林印务有限责任公司

成品尺寸 185 mm × 260 mm
印张 12 字数 298 千
版次 2017 年 5 月第 2 版 印次 2024 年 7 月第 6 次

书号 ISBN 978-7-5643-5441-1
定价 28.00 元

第 2 版前言

本书以高等职业技术教育培养高素质高技能人才目标为指导思想，采用校企合作的方式，由有教学经验的教师和多年现场经验的企业人员参加编写，体现了工学结合的精神。本教材自 2014 年出版以来受到了广大读者的好评，并提出了宝贵的意见，本次修订主要是对第一版的不妥之处进行了修改和替换，并进行了内容的增补。

该版教材改变了以往教材理论与实践脱节的现象，将大量施工现场案例引入教材当中，使理论教学融入到现场实践当中，充分体现技能培养的重要性。根据教学内容的不同，该教材划分了两个学习项目：平面控制测量和高程控制测量。其中，在平面控制测量学习项目中安排了 5 个任务，包括：图根导线控制测量、精密导线控制测量、坐标间的转换与换带计算、三角形网控制测量和 GPS 控制测量；在高程控制测量学习项目中安排了 3 个任务，包括：四等水准控制测量、二等水准控制测量、三角高程控制测量。本书中每个教学任务的学习，都是以现场工作任务作为引子，能紧密结合实际，注重实用性。

本书共分 8 个任务。其中任务 1.1、1.2、1.3 和任务 2.2 由杨柳执笔，任务 1.4、1.5 由左智刚执笔，任务 2.1 由刘莎执笔，任务 2.3 由曾庆伟执笔。全书由杨柳、左智刚协调统稿，最后由杨柳执笔修改定稿。

孟鲁闽教授对教材第 2 版进行了审阅，并提出了宝贵的修改意见和建议，在此致以衷心的感谢。由于编者水平有限，对书中可能还存在的不足和错误之处，敬请读者批评指正。

编　者
2017 年 3 月

前　言

"工程控制测量"是高职院校工程测量技术专业的一门核心课程，在专业课程设置中具有重要的地位和作用。近几年，高职院校正在如火如荼地开展教学改革工作，我们也在工程控制测量教学和课程建设等方面做了一定的改革工作，根据该课程的课程标准，为工程测量技术专业学生新编了该教材。

为了满足高职院校高端技能型人才培养的需要，《工程控制测量》教材改变了以往理论与实践脱节的现象，将理论教学融入到实践教学当中，充分体现技能培养的重要性。根据教学内容的不同，本教材划分了两个学习项目：平面控制测量和高程控制测量。其中，在平面控制测量学习项目中安排了 5 个任务，包括：图根导线控制测量、精密导线控制测量、坐标间的转换与换带计算、三角形网控制测量和 GPS 控制测量；在高程控制测量学习项目中安排了 3 个任务，包括：四等水准控制测量、二等水准控制测量、三角高程控制测量。本书中教学任务安排紧密结合工程现场实际，注重实用性。

本书由杨柳、左智刚主编，孟鲁闽主审。参加编写工作的还有：曾庆伟、刘莎、于春娟等。在本书编写的过程中，其他一些老师也提出了宝贵的意见，在此向他们表示感谢。

由于编者水平有限，不当之处在所难免，恳请广大读者批评指正！

编　者

2013 年 9 月

目　录

概　述

教学目标

对工程控制测量有概略认识，基本掌握控制测量的基本内容和控制测量的任务及作用，并对控制测量的发展状况有一定的了解。

一、控制测量的内容

工程控制测量是为工程建设测量而建立的平面控制测量和高程控制测量的总称，它是工程建设中各项测量工作的基础，其中平面控制测量是精确测定控制点的平面位置的测量工作，高程控制测量是精确测定控制点高程的测量工作。它的主要内容包括以下几个方面：

1. 控制网的设计阶段

主要是对控制网的可行性进行论证，估算控制网的技术经济指标，编写技术设计报告书等。

2. 控制网的施测阶段

根据控制网设计报告进行控制网的实地布设和测量计算，包括：踏勘选点、埋石、造标、观测和数据处理等。

3. 控制网的使用阶段

主要是对控制网的成果进行有效的管理和维护，以便对各项工程建设提供及时、准确的资料。

以上3个阶段是紧密联系、相辅相成、缺一不可。对于不同的工程建设均包括这3个阶段。

二、工程控制测量的任务和作用

工程控制测量技术是研究如何测定和描绘地面控制点空间位置的一门技术。它是在大地测量基本理论基础上以工程建设与安全保证测量为主要服务对象而发展和形成的，它在工程测量专业人才培养中占有重要地位。其主要任务是：在测区内，按测量任务所要求的精度，测定一系列控制点的平面位置和高程，建立起测量控制网，作为各种测量的基础。

工程控制测量的服务对象主要是各种工程建设、城镇建设和土地规划管理等方面工作。

这就决定了它的测量范围比大地测量要小，并且在观测手段和数据处理方法上还具有多样化的特点。

在各种工程建设中，其任务主要分 3 个阶段：即规划设计、施工放样和运营管理。每个阶段的基本任务和作用如下：

1. 规划设计阶段的控制测量

控制测量的任务是要建立用来进行地形测图的图根控制网，用来控制整个测区，保证最大比例尺测图的需要，以及地形图的精度和各幅图的准确拼接。此外，随着房地产事业的飞速发展，这种测图控制网也在地籍测量方面发挥着重要的作用。

2. 施工阶段的控制测量

在这一阶段，主要是建立施工控制网。施工测量的主要任务是将图纸上设计好的建筑物标定到实地中去，以指导施工，那么施工控制网的作用是控制工程的总体布置和各建筑物轴线之间的相对位置，满足施工放样的需要。

对于不同的工程，施工测量的具体任务和技术要求则不同。比如，建筑施工测量的主要任务是使各建筑物按照设计的位置修建；隧道施工测量的主要任务是保证对向开挖的隧道能按照规定的精度贯通。因此，在施工放样前，要建立精度可靠的施工控制网。

3. 经营管理阶段的控制测量

在这一阶段，需要建立变形观测控制网。由于在施工阶段建筑物的重量会对地基及其周围地层产生影响，导致建筑物产生变形，这种变形情况如果超过允许的限度，势必带来安全隐患，从而可能造成危害。因此，建立变形观测控制网的目的是用来控制建筑物的变形，以鉴定工程质量，保证安全运营，分析变形规律和进行相应的科学研究。

以上各阶段所要建立的控制网，共同的特点是精度要求高，点位密度大。工程控制网具有控制全局，限制测量误差累积的作用，是各项测量工作的依据。由于网的作用不同，使得测图网、施工网和变形网又都有各自的布网方式和精度要求，因此多是分别依次建立或者在原有网的基础上改建。

三、建立控制网的方法

工程控制网包括平面控制网和高程控制网。平面控制网是各种测量工作平面控制的基础，需要确定地面点的平面位置；高程控制网是各种测量工作的高程控制的基础，需要确定控制点的高程。

（一）建立平面控制网的方法

平面控制测量的任务就是用精密仪器和采用精密方法测量控制点间的角度、距离要素，根据已知点的平面坐标、方位角，从而计算出各控制点的坐标。

建立平面控制网的方法有导线测量、三角测量、三边测量、全球定位系统 GPS 测量等。随着测量技术的发展，导线测量和 GPS 测量已成为平面控制测量的主要方法。

1. 导线测量

导线测量是将各控制点组成连续的折线或多边形，如图 1 所示。这种图形构成的控制网称为导线网，也称导线，转折点（控制点）称为导线点。测量相邻导线边之间的水平角与导线边长，根据起算点的平面坐标和起算边方位角，计算各导线点坐标，这项工作称为导线测量。

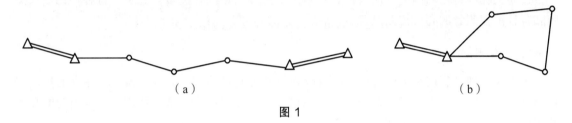

（a）　　　　　　　　　　　　　　　　　　　（b）

图 1

2. 三角测量

三角测量是将各控制点组成互相连接的一系列三角形，如图 2 所示，这种图形构成的控制网称为三角锁，是三角网的一种类型，所有三角形的顶点称为三角点，测量三角形的全部内角，根据起算点的坐标与起算边的方位角，按正弦定律推算全部边长与方位角，从而计算出各点的坐标，这项工作称为三角测量。

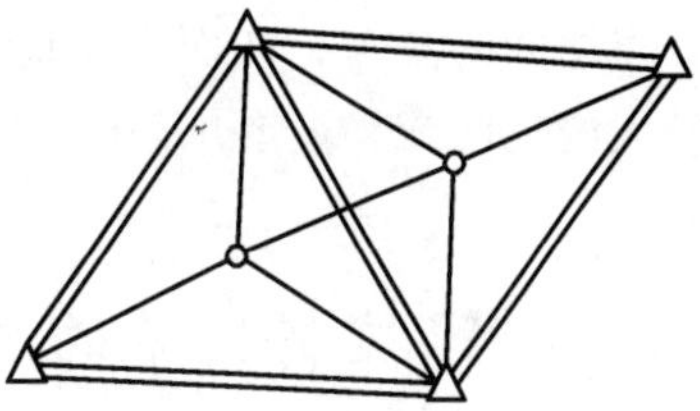

3. 三边测量

三边测量是指使用全站型电子速测仪或光电测距仪，采取测边方式来测定各三角形顶点水平位置的方法。三边测量是建立平面控制网的方法之一，其优点是较好地控制了边长方面的误差，工作效率高等。三边测量只是测量边长，对于测边单三角网，无校核条件。

图 2

4. GPS 测量

全球定位系统 GPS 测量具有在海、陆、空进行全方位实时三维导航与定位能力的新一代卫星导航与定位系统。GPS 控制测量控制点是在一组控制点上安置 GPS 卫星地面接收机接收GPS 卫星信号，解算求得控制点到相应卫星的距离，通过一系列数据处理取得控制点的坐标。

GPS 以全天候、高精度、自动化、高效率等显著特点，成功地应用于工程控制测量，例如，南京长江第三桥、西康铁路线 18 km 秦岭隧道、线路控制测量等方面都运用了 GPS 测量。不仅如此，GPS 还用于建立高精度的全国性的大地测量控制网，测定全球性的地球动态参数，改造和加强原有的国家大地控制网；建立陆、海大地测量的基准，进行海洋测绘和高精度的海岛陆地联测；监测地球板块运动和地壳形变等。

以上 4 种测量技术各有其优缺点。

在城市中，导线测量对周围环境的要求不是很高，观测方向少，相邻点通视等要求比较好达到，导线的布设比较灵活，观测和计算工作较简便，但是控制面积小，缺乏有效可靠的检核方法；三角测量控制面积大，有利于加密图根控制网，但是需要构成固定的图形，点位的选择相对来说限制因素比较多；GPS 与以上两种方法相比，相对平面定位精度高，作业的速度快，经济效益好，测量时无须通视，但是 GPS 测量易受干扰（较大反射面或电磁辐射源），对地形地物的遮挡高度有要求。

（二）建立高程控制网的方法

建立工程高程控制网的方法有两种：水准测量和三角高程测量。它是进行各种比例尺测图和各种工程测量的高程控制基础。

1. 水准测量

水准测量即是利用水准仪并配合水准尺进行水准测量的方法。利用该方法建立的控制网称为水准网。因为该方法操作起来方便、简单，且测量精度高，常被用于建立全国性的高程控制网、城市以及工程建设测量等方面。

2. 三角高程测量

三角高程测量主要是根据测站点观测照准点的垂直角和两点间的距离来计算测站点和照准点之间的高差，从而求得地面点高程的方法。该方法受地形限制较小，适合于地形起伏比较大的地区或精度要求较低的场合，但测量精度较低，因此，相对于水准测量，使用率较低。

四、工程控制测量的发展

（一）控制测量仪器和测量系统出现新的发展格局

1. GPS 技术为控制测量开创新局面

目前，GPS 接收机单点定位技术、相对定位技术以及差分 RTK 技术已发展到相当成熟的阶段，各种类型的 GPS 接收机在市场上争奇斗艳，此外，还出现了既能接收 GPS 信号又能接收 GLONASS 信号的所谓多系统接收机。随着其他卫星定位系统的出现，今后必将出现相应的新型卫星定位接收机。也就是说，GPS 测量技术必将成为控制测量的重要手段。

2. 全站仪是数字化地面测量的主要仪器

全站仪已经作为地面控制测量的常用仪器，市场上品种繁多，完全取代了早期的光学经纬仪和红外测距仪。在高等级大范围的控制测量中它也许要让位于 GPS，而在工程测量、建筑测量及城市测量等方面仍将发挥重要作用。

随着科技的日新月异，全站仪也在不断的发展中，近年来市场上出现的测量机器人不但具有完善的智能化测绘软件，可实现对目标的快速判别、锁定、跟踪、自动照准和高精度测量，可以在大范围内实施高效的遥控测量。此外，全站仪还具备很强的环境适应能力，比如防水、防尘和耐高温、低温等（见图 3）。

SRX 测量机器人

GPT-9000A 彩屏 WinCE 测量机器人

图 3

3. 数字水准仪成为高程控制测量的重要手段

近 10 余年来，在仪器市场上出现新型的数字水准仪，实现了水准测量的数字化和操作上的自动化，可以实现同其他测绘仪器数据的通信、连接和共享，在国家高程基准建立及国家水准测量、工程测量及变形观测等方面得到广泛应用。

4. 专用的工程测量仪器应运而生

随着国家基础建设事业的发展，市场上出现的激光扫平仪、激光垂准仪、激光经纬仪、激光扫描仪等仪器，主要应用于建筑物和结构上的准直、水平、铅垂以及建立三维立体模型等测量工作，使用很方便。

5. 测量软件为数据处理提供方便

测量软件成为控制测量数据处理的重要手段。目前，市场上的测量软件种类繁多，有些是仪器自带的软件，比如 TGO、LGO 等软件，但也有不少软件是单独销售的软件，比如科傻、平差易等软件。可以通过数据线将测量的数据传到计算机上，从而实现对数据的处理。

总之，今后测绘仪器将在数字化、实时化和集成化方向更快、更好的发展。

（二）工程控制网优化设计取得长足发展

由于各种控制网的布网条件和精度要求不同，因此在它们的技术设计阶段，应对预期所能达到的精度进行估算，以便对设计方案是否合理进行评价。估算元素（点位中误差、边长或方位角的中误差、高程中误差）是观测元素平差值的函数，因而可用最小二乘法中求平差值函数中误差的方法进行精度估算。但技术设计阶段，观测尚未进行，精度估算所需观测元素的近似值可以在控制网的设计图上量取。随着测量成果数学处理理论的发展，以及电算技术的应用，控制网的技术设计已发展到一个崭新的高度，即将最优化的理论与方法应用于控制网的技术设计。控制网优化设计时，首先建立一个能体现所考虑的决策问题的数学模型，即具有确定变量的、有待于实现最优化的目标函数，以及附加的一个或几个约束条件，其次对这个数学模型进行分析，选择一个适当的求最优解的计算方法，以求得最优的布网方案。

20 世纪 70～80 年代，由于电子计算机在测量中的广泛应用和最优化理论进入测量领域的研究，测量控制网优化设计才得到迅速发展。主要研究范围包括：控制网基准设计、图形设计、权的设计和旧网改造设计；控制网优化设计的全面质量标准；控制网优化设计的各种解法等方面。同时，也实现了控制网优化设计和数据处理的一体化。

（三）测量数据处理以及分析理论和方法取得新成果

控制测量中对数据的处理称为严密平差，它可分为条件平差和间接平差两大类。在间接平差中，某些未知量之间可能存有条件，将这种条件方程式连同误差方程式一起按最小二乘法求解，这种平差方法称为"附有条件间接平差"。当控制网按坐标平差时，对基线和方位角条件的处理，就采用这种平差方法。近些年来，数理统计、矩阵代数和可编程序袖珍计算机以及微型计算机的迅速发展，丰富了最小二乘法的理论，加速了微机在工程控制测量平差计算中的应用。例如，可以对平面控制网计算和绘画出每个控制点的点位误差椭圆与任意两个控制点间的相对误差椭圆，较为全面、精确地提供了计算和分析，又可以进行三维控制网的平差计算，一次得出控制点的平面坐标和高程成果。

在数据处理理论方面除了常规的最小二乘法外，还研究了观测值服从正态分布的最大似然估计法、最佳无偏估计法以及基于向量空间投影原理基础上的最小二乘法等，从而大大深化了参数估计原理和方法的研究。此外，工程建筑物变形观测数据处理的理论和方法（回归分析法、灰色系统分析模型、神经网络模型等）也得到很大发展，在构筑物的变形分析预报方面取得了一定发展。

工程控制测量将会继续在国民经济建设和社会发展中发挥着基础先行的重要作用，同时，在防灾、减灾、救灾及环境监测、评价和保护中，以及在国防建设等很多领域将有广阔的发展空间。

思考题与习题

1. 什么是控制测量？控制测量可以分为哪些类，如何定义？
2. 在工程测量的各个阶段，控制测量的任务分别是什么？
3. 建立平面控制网的方法有哪些？
4. 建立高程控制网的方法有哪些？各自有哪些优缺点？

项目 1　平面控制测量

项目描述

平面控制测量工作是按照测量项目任务所要求的精度等级，根据测区情况编写测量技术设计书，在测区布设平面控制点，构建平面控制网，并按一定的方法测定控制点的平面坐标的工作。

教学目标

1. 知识目标

（1）掌握控制测量技术设计书的编写方法。

（2）掌握平面控制点的布设要求及选点方法。

（3）了解控制点标石的预制、埋设方法。

（4）掌握坐标间的换算原理与方法。

（5）掌握平面控制网的观测、数据采集方法。

（6）掌握观测数据处理的方法。

（7）掌握常用控制测量平差软件的使用方法。

（8）掌握控制测量技术总结的编写方法。

2. 能力目标

（1）方法能力：

① 具备资料搜集整理的能力；

② 具备制订、实施工作计划的能力；

③ 具备综合分析判断能力；

④ 具备能正确应用行业技术规范的能力。

（2）专业能力：

① 能够进行测区的踏勘，搜集相关资料；

② 能够编写测量技术设计书；

③ 能够按要求进行实地选点工作；

④ 能利用科傻软件进行坐标换算处理；

⑤ 能够正确使用全站仪进行外业数据采集；

⑥ 能够进行观测数据的处理及科傻软件的使用。

（3）社会能力：

① 具备能迁移和应用知识的能力，以及善于创新和总结经验的能力；

② 具备较快适应环境的能力；

③ 具备团队协作的能力；

④ 具备诚实守信和爱岗敬业的职业道德；

⑤ 具备工作安全意识与自我保护能力。

任务 1.1 图根导线控制测量

1.1.1 学习目标

1. 知识目标

（1）熟练掌握全站仪测角、测距的基本原理和方法。

（2）掌握图根导线的布设及观测方法。

（3）掌握图根导线内业平差计算的方法。

2. 能力目标

（1）方法能力：

① 具备资料搜集整理的能力；

② 具备制订、实施工作计划的能力；

③ 具备综合分析判断能力；

④ 具备能正确应用行业技术规范的能力。

（2）专业能力：

① 能够熟练使用全站仪测角、测距；

② 能够熟练进行图根导线的布设与观测；

③ 能够熟练进行图根导线内业平差计算。

（3）社会能力：

① 具备能迁移和应用知识的能力，以及善于创新和总结经验的能力；

② 具备较快适应环境的能力；

③ 具备团队协作的能力；

④ 具备诚实守信和爱岗敬业的职业道德；

⑤ 具备工作安全意识与自我保护能力。

1.1.2 工作任务

为了学校的进一步规划建设需要，现需要学校的 1∶500 的地形图一张，但校园内没有足够的测图控制点。为了满足测图需要，请根据图根导线的技术要求，在校内实训基地布设图根导线，完成导线观测、记录、计算、数据处理等任务，为后续数字测图提供基准。

1.1.3 相关配套知识

1.1.3.1 直线定向

在工程测量中，要确定地面上两点之间的相对位置，除了需要测两点间水平距离之外，还须确定该直线的方向。直线方向是以该直线与基本方向线之间的夹角来确定的。如图 1-1-1 所示，确定直线方向与基本方向之间的关系，称为直线定向。

1. 基本方向的种类

1）真子午线方向

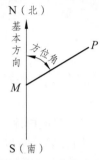

图 1-1-1　直线定向

通过地球表面某点的真子午线的切线方向，称为该点的真子午线方向，真子午线方向可用天文观测方法或陀螺经纬仪来确定。

2）磁子午线方向

磁针在地球磁场的作用下自由静止时所指的方向，即为磁子午线方向。

3）坐标纵轴方向

以通过测区内坐标原点的坐标纵轴 OX 轴正方向为基本方向，测区内其他各点的子午线均与过坐标原点的坐标纵轴平行。这种基本方向称为坐标纵轴方向。

2. 方位角

测量工作中，常常采用方位角来表示直线的方向。从过直线段一端的基本方向线的北端起，以顺时针方向旋转到该直线的水平角度，称为该直线的方位角。方位角的取值范围为 $0° \sim 360°$。

如图 1-1-2 所示，因基本方向有 3 种，所以方位角也有 3 种，真方位角、磁方位角、坐标方位角。以真子午线为基本方向线，所得方位角称为真方位角，一般以 A 表示。以磁子午线为基本方向线，则所得方位角称为磁方位角，一般以 $A_磁$ 来表示。以坐标纵轴为基本方向线所得方位角，称为坐标方位角（有时简称方位角），通常以 α 来表示。测量中，主要采用的方位角为坐标方位角。

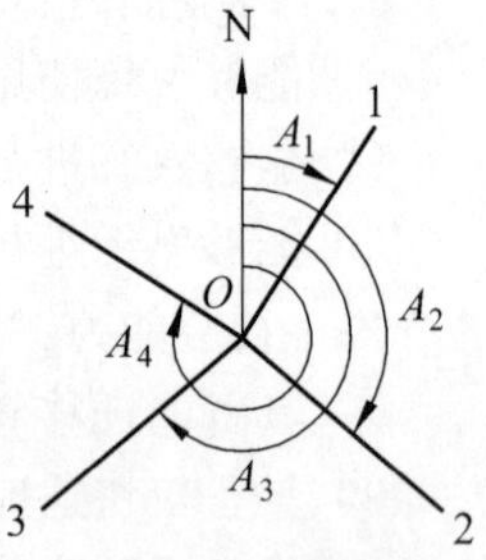

图 1-1-2　方位角

3. 正反坐标方位角

相对来说一条直线有正、反两个方向。直线的两端可以按正、反方位角进行定向。若设定直线的正方向为 AB，则直线 AB 的方位角为正方位角，而直线 BA 的方位角就是直线 AB 的反方位角。反之，也是一样。

若以 α_{AB} 为直线正坐标方位角，则 α_{BA} 为反坐标方位角，如图 1-1-3 所示，两者有如下的关系：

$$\alpha_反 = \alpha_正 \pm 180° \qquad\qquad (1\text{-}1\text{-}1)$$

当 $\alpha_{AB} < 180°$ 则有：

$$\alpha_{BA} = \alpha_{AB} + 180°$$

当 $\alpha_{AB} > 180°$ 则有：

$$\alpha_{BA} = \alpha_{AB} - 180°$$

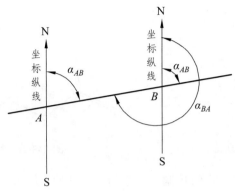

图 1-1-3　正反坐标方位角关系

1.1.3.2　导线测量的基本概念

为了测绘大比例尺地形图，需要在测区布设大量的控制点，这些为测图而布设的控制点，称为图根控制点。图根平面控制可以根据测区内的已知高级控制点采用三角网、导线的形式进行加密。目前，导线测量已成为图根控制的主要方法。

导线测量是将各控制点组成连续的折线或多边形，如图 1-1-4 所示。这种图形构成的控制网称为导线网，也称导线，转折点（控制点）称为导线点。测量相邻导线边之间的水平角与导线边长，根据起算点的平面坐标和起算边方位角，计算各导线点坐标，这项工作称为导线测量。

图 1-1-4　导线测量

1. 导线的布设形式

在局部较小的范围内，特别是在障碍物较多的平坦地区、隐蔽地区、城市街区、地下工程以及 GPS 接收机天线接收信号受限的区域，用导线布设控制网的方法就显得非常实用。导线的等级选择和布设形式，主要取决于导线的用途和测区的地形、地物条件。一般导线或导线网的布设有以下几种形式：

1）单一导线

（1）闭合导线。导线是从一高级控制点（起始点）开始，经过各个导线点，最后又回到原来起始点，形成闭合多边形，这种导线称为闭合导线，如图 1-1-5 所示。

闭合导线有着严密的几何条件，构成对观测成果的校核作用，常用于面积开阔的局部地区控制。

（2）附合导线。导线是从一高级控制点（起始点）开始，经过各个导线点，附合到另一高级控制点（终点），形成连续折线，这种导线称为附合导线，如图 1-1-6 所示。附合导线由本身的已知条件构成对观测成果的校核作用，常用于带状地区的地区控制。

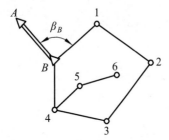

图 1-1-5　闭合导线、支导线

图 1-1-6　附合导线

（3）支导线。导线是从一高级控制点（起始点）开始，既不附合到另一个控制点，又不闭合到原来起始点，这种导线称为支导线。由于支导线无校核条件，不易发现错误，一般不宜采用。常用于导线点不能满足局部测图时，增设支导线，如图 1-1-5 中的 5、6 点。

2）导线网

导线网是由若干个导线汇聚形成的包含一个或多个节点的控制网，它包括环形导线网和附合导线网；环形导线网适合于测区范围较大，高级点损失较多或精度较低的测区；附合导线网主要用于测区首级控制网的进一步加密，以建立测区全面控制的基础。

导线测量的主要优点是布设方便、灵活，在平坦而隐蔽的地区以及城市和建筑区，布设导线具有很大的优越性。

2. 图根导线的主要技术要求

《工程测量规范》对图根导线的主要技术要求如表 1-1-1 所示。

表 1-1-1　图根导线测量的主要技术要求

比例尺	附合导线长度/m	平均边长/m	导线全长相对闭合差	测角测回数		方位角闭合差/（"）		测角中误差/（"）	
				DJ$_2$	DJ$_6$	一般	首级	一般	首级
1：500	≤500	100							
1：1 000	≤1 000	150	≤1/2 000	1	1	±60$\sqrt{n}$	±40$\sqrt{n}$	30	20
1：2 000	≤2 000	250							

在布设图根控制网时，图根控制点的密度取决于测图比例尺和地形的复杂程度，在平坦开阔地区不低于表 1-1-2 的规定。对地形复杂、山区参照表 1-1-2 的规定可适当增加图根点的密度。

表 1-1-2　图根点的密度

测图比例尺	1：500	1：1 000	1：2 000
图根点密度/点·km^{-2}	150	50	15

1.1.3.3 导线测量的外业工作

导线测量的外业工作包括：踏勘选点、测边、测角和导线定向。

1. 踏勘选点

选点前应收集测区已有地形图和高一级控制点的成果资料。根据测图要求，把控制点展绘在地形图上，然后在地形图上拟定导线初步布设方案，再到实地踏勘，选定导线点的位置。若测区范围内无地形图资料时，通过详细踏勘，根据已知控制点的分布范围、地形条件直接在实地布设一个经济合理的导线。

《工程测量规范》规定：在实地选择点位时，必须注意以下几个方面：

（1）为了方便测角，相邻导线点间要通视良好，视线远离障碍物，保证成像清晰。

（2）采用光电测距仪测边长，导线边应离开强电磁场和发热体的干扰，测线上不应有树枝、电线等障碍物。四等级以上的测线，应离开地面或障碍物 1.3 m 以上。

（3）导线点应埋在地面坚实、不易被破坏处，一般应埋设标石。

（4）导线点要有一定的密度，以便控制整个测区。

（5）导线边长要大致相等，不能太悬殊。

导线点选定后，要在每一点位上埋设木桩，桩顶钉一小钉，作为临时性标志，并在桩上用红油漆写明点名、编号（需统一编号）。为了便于找点，应测量出导线点与附近固定明显地物点的距离，并绘制草图，标明尺寸，称为"点之记"，如图 1-1-7 所示。

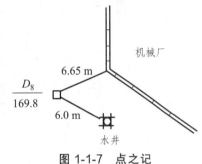

图 1-1-7 点之记

2. 测 边

导线边长是指相邻导线点间的水平距离。导线边长测量可采用全站仪测定。

3. 测 角

导线水平角测量主要是导线转折角测量。测角可以采用经纬仪或全站仪测定。导线水平角的观测，附合导线按导线前进方向可观测左角或右角；对闭合导线一般是观测多边形内角；支导线无校核条件，要求既观测左角，也观测右角以便进行校核。导线水平角的观测方法一般采用测回法和方向观测法。

4. 导线定向

导线与高级控制点连接角的测量称为导线定向。其目的是获得起始方位角和坐标起算数据。并能使导线精度得到可靠的校核。如图 1-1-6 所示，β_B、β_C 为连接角。若测区无高级控制点联测时，可假定起始点的坐标，用罗盘仪测定起始边的方位角。

1.1.3.4 导线测量内业计算

导线计算的目的是要求出各导线点的坐标，供测图或施工放样使用。在内业计算之前，首先需要检查外业成果记录计算是否正确无误，成果精度是否满足《工程测量规范》的要求，同时要绘制导线略图，注明导线点的点号和相应的边长、角度，以供计算使用。

1. 坐标正算与坐标反算

1）坐标正算

已知 A 点的坐标、AB 边的方位角、AB 两点间的水平距离，计算待定点 B 的坐标，称为坐标正算。如图 1-1-8 所示，点的坐标可由下式计算：

$$\left.\begin{array}{l} x_B = x_A + \Delta x_{AB} \\ y_B = y_A + \Delta y_{AB} \end{array}\right\} \tag{1-1-2}$$

式中，Δx_{AB}、Δy_{AB} 为两导线点坐标之差，称为坐标增量，即：

$$\left.\begin{array}{l} \Delta x_{AB} = x_B - x_A = D_{AB} \cos \alpha_{AB} \\ \Delta y_{AB} = y_B - y_A = D_{AB} \sin \alpha_{AB} \end{array}\right\} \tag{1-1-3}$$

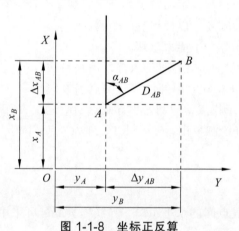

图 1-1-8　坐标正反算

【例题 1-1-1】　已知点 A 坐标，$x_A = 200$ m、$y_A = 200$ m、方位角 $\alpha_{AB} = 26°34'57.3''$，$AB$ 两点水平距离 $D_{AB} = 87.342$ m，计算 B 点的坐标。

$$x_B = x_A + D_{AB} \cos \alpha_{AB} = 200 + 87.342 \times \cos 26°34'57.3'' = 278.109 \ (\text{m})$$
$$y_B = y_A + D_{AB} \sin \alpha_{AB} = 200 + 87.342 \times \sin 26°34'57.3'' = 239.084 \ (\text{m})$$

2）坐标反算

已知 A、B 两点的坐标，计算 AB 两点的水平距离与坐标方位角，称为坐标反算。如图 1-1-8 可知，由式（1-1-4）和式（1-1-5）计算水平距离与坐标方位角。

$$D_{AB} = \sqrt{\Delta x_{AB}^2 + \Delta y_{AB}^2} \tag{1-1-4}$$

$$\alpha_{AB} = \arctan \frac{y_B - y_A}{x_B - x_A} = \arctan \frac{\Delta y_{AB}}{\Delta x_{AB}} \tag{1-1-5}$$

式中反正切函数的值域是 $-90° \sim +90°$，而坐标方位角为 $0° \sim 360°$，因此坐标方位角的值，可根据 Δy、Δx 的正负号判断直线所在象限，将反正切角值换算为坐标方位角。

【例题 1-1-2】　$x_A = 254.34$ m、$y_A = 485.02$ m、$x_B = 348.97$ m、$y_B = 132.86$ m，计算坐标方位角 α_{AB} 和水平距离 D_{AB}。

$$D_{AB} = \sqrt{\Delta x_{AB}^2 + \Delta y_{AB}^2} = \sqrt{(348.97 - 254.34)^2 + (132.86 - 485.02)^2} = 364.652 \ (\text{m})$$

$$\alpha_{AB} = \arctan \frac{y_B - y_A}{x_B - x_A} = \arctan \frac{132.86 - 485.02}{348.97 - 254.34} = \arctan \frac{-352.16}{94.63}$$
$$= -74°57'33'' + 360° = 285°02'27''$$

注意：一直线有两个方向，存在两个方位角，式中：$y_B - y_A$、$x_B - x_A$ 的计算是过 A 点坐标纵轴至直线 AB 的坐标方位角，若所求坐标方位角为 α_{BA}，则应是 A 点坐标减 B 点坐标。

坐标正算与反算，可以利用普通科学电子计算器的极坐标和直角坐标相互转换功能计算，普通科学电子计算器的类型比较多，操作方法也不相同。

2. 附合导线的坐标计算

1）角度闭合差的计算与调整

（1）联测边坐标方位角计算（坐标反算）。用式（1-1-5）计算起始边与终边的坐标方位角。

（2）导线各边坐标方位角的推算方法。如图 1-1-9 所示，根据已知坐标方位角 α_{AB}，观测右角 β_i，则各边方位角为：

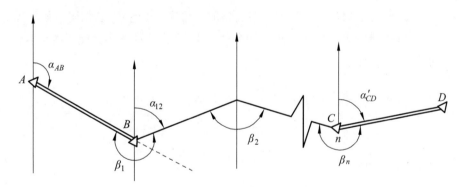

图 1-1-9　附合导线坐标计算

$$\left.\begin{array}{l} \alpha_{B1} = \alpha_{AB} + 180° - \beta_1 \\ \alpha_{12} = \alpha_{B1} + 180° - \beta_2 = \alpha_{AB} + 180° + 180° - \beta_1 - \beta_2 \\ \cdots \\ \alpha'_{CD} = \alpha_{AB} + n \times 180° - \sum_1^n \beta_{右} \end{array}\right\} \qquad (1\text{-}1\text{-}6)$$

式中　n ——右角个数，包括两个连接角；

　　　α'_{CD} ——按观测角值推算 CD 边的方位角；

　　　$\sum_1^n \beta_{右}$ ——右角之和。

从式 1-1-6 可知，按导线右角推算坐标方位角时，导线前一边的坐标方位角等于后一边的坐标方位角加 180° 再减去两相邻边所夹右角，即：

$$\alpha_{前} = \alpha_{后} + 180° - \beta_{右} \qquad\qquad (1\text{-}1\text{-}7)$$

式中　　$\alpha_{后}$——已知后方边方位角；

　　　　$\alpha_{前}$——待求前方边方位角。

若导线转折角为左角时，采用式（1-1-8）计算各边方位角，推算终边方位角 α'_{CD}，即：

$$\left.\begin{array}{l} \alpha_{前} = \alpha_{后} - 180°° + \beta_{左} \\[2mm] \alpha'_{CD} = \alpha_{AB} + \sum\limits_{1}^{n}\beta_{左} - n\times180° \end{array}\right\} \qquad (1\text{-}1\text{-}8)$$

计算坐标方位角的结果，若出现负值时，则加 360°；若大于 360°减去 360°。

（3）角度闭合差的计算与调整。

理论上 $\alpha'_{CD} = \alpha_{CD}$，但由于测角误差的存在，它们之间有一个差值，称为附合导线的角度闭合差，用 f_{β} 表示，即：

$$f_{\beta} = \alpha'_{CD} - \alpha_{CD} \qquad\qquad (1\text{-}1\text{-}9)$$

角度闭合差的容许误差见表 1-1-1，角度闭合差在容许范围内，说明导线角度测量的精度是合格的。这样就可以将角度闭合差进行调整，以满足终边方位角 α'_{CD} 等于终边已知方位角 α_{CD}，使角度闭合差等于零。

角度闭合差调整的原则是：当观测导线右角时，角度闭合差 f_{β} 以相同符号平均分配于各个观测右角上；当观测导线左角时，角度闭合差 f_{β} 以相反符号平均分配于各个观测左角上。每个角的改正值按下式计算：

$$v_{\beta} = \pm\frac{f_{\beta}}{n} \quad (\text{右角取 "+", 左角取 "-"}) \qquad (1\text{-}1\text{-}10)$$

改正后角值为：

$$\beta_{改} = \beta_{测} + v_{\beta} \qquad\qquad (1\text{-}1\text{-}11)$$

2）坐标方位角的推算

根据起始边的坐标方位角和改正后的角值，可利用式（1-1-7）或式（1-1-8）计算各边的方位角。

3）坐标增量闭合差计算和调整

理论上附合导线各边坐标增量的代数和应等于终点和起点已知坐标之差，即：

$$\left.\begin{array}{l} \sum\Delta x_{理} = x_{终} - x_{起} \\[2mm] \sum\Delta y_{理} = y_{终} - y_{起} \end{array}\right\} \qquad (1\text{-}1\text{-}12)$$

但是由于量边误差和角度虽经过调整，但仍存在残余误差的影响，使推算出来的坐标增量总和不等于已知两端点的坐标差，其不符值称为附合导线坐标增量闭合差。

由于增量闭合差的存在，使附合导线在终点不能闭合，产生纵、横坐标增量闭合差，即：

$$
\left.\begin{array}{l}
f_x = \sum \Delta x_{测} - (x_{终} - x_{起}) \\
f_y = \sum \Delta y_{测} - (y_{终} - x_{起})
\end{array}\right\} \tag{1-1-13}
$$

导线全长闭合差 f 为：

$$
f = \sqrt{f_x^2 + f_y^2} \tag{1-1-14}
$$

导线越长，导线全长闭合差也越大，所以衡量导线精度不能只看导线全长闭合差的大小，应考虑导线总长度，则需要采用导线全长相对闭合差 K，即为：

$$
K = \frac{f}{\sum D} = \frac{1}{\sum D / f} \tag{1-1-15}
$$

式中　$\sum D$——导线边总长度；

　　K——导线测量的精度，通常化为分子为 1，分母为整数的形式表示。

导线全长相对闭合差的容许误差见表 1-1-1。如果 K 值超限，应检查原始数据和全部计算，若没有发现错误，则应到现场检查或重测；若误差在容许范围内，则可以进行纵横坐标增量闭合差的分配。坐标增量闭合差的分配原则是：以相反符号，将坐标增量闭合差按边长成正比例分配，对于因计算凑整残余的不符值分配到长边的坐标增量上去，使调整后的坐标增量代数和等于已知两端点的坐标差。设纵坐标增量改正数为 ν_x，横坐标增量改正数 ν_y，则边长 D_i 的坐标增量改正数按下式计算：

$$
\left.\begin{array}{l}
\nu_{\Delta x_{i,i+1}} = -\dfrac{f_x}{\sum D} \times D_i \\[3mm]
\nu_{\Delta y_{i,i+1}} = -\dfrac{f_y}{\sum D} \times D_i
\end{array}\right\} \tag{1-1-16}
$$

坐标增量改正数之和必须满足下式的要求，也就是说，将闭合差必须分配完，使改正后的坐标增量满足理论要求。

$$
\left.\begin{array}{l}
\sum \nu_{\Delta x_{i,i+1}} = -f_x \\
\sum \nu_{\Delta y_{i,i+1}} = -f_y
\end{array}\right\} \tag{1-1-17}
$$

改正后的坐标增量可用下式计算：

$$
\left.\begin{array}{l}
\Delta x_{改 i,i+1} = \Delta x_{测 i,i+1} + \nu_{\Delta x_{i,i+1}} \\
\Delta y_{改 i,i+1} = \Delta y_{测 i,i+1} + \nu_{\Delta y_{i,i+1}}
\end{array}\right\} \tag{1-1-18}
$$

改正后的坐标增量代数和应等于两已知点坐标差，以此作为校核。即：

$$
\left.\begin{array}{l}
\sum \Delta x_{改} = x_{终} - x_{起} \\
\sum \Delta y_{改} = y_{终} - y_{起}
\end{array}\right\} \tag{1-1-19}
$$

4）导线点的坐标计算

如图 1-1-9 所示，附合导线起始点和终点坐标是已知的，用起始点已知坐标加上 B1 边改正后的坐标增量等于第一点的坐标,用第一点坐标加上 12 边改正后的坐标增量等于第二点的坐标，依此类推，可求出其他各点的坐标。即：

$$\left.\begin{array}{ll} x_1 = x_B + \Delta x_{改B1} & y_1 = y_B + \Delta y_{改B1} \\ x_2 = x_1 + \Delta x_{改12} & y_2 = y_1 + \Delta y_{改12} \\ \vdots & \vdots \end{array}\right\} \qquad (1\text{-}1\text{-}20)$$

为了检查坐标推算是否存在错误，推算至终点应与已知坐标完全一致，以此作为计算校核。

【例题 1-1-3】　某图根附合导线外业成果如图 1-1-10 所示，计算各点坐标并检验是否满足精度要求。计算结果如表 1-1-3 所示。

点名	已知坐标/m		点名	已知坐标/m	
	x	y		x	y
A	843.40	1 264.29	C	589.97	1 307.87
B	640.93	1 068.44	D	793.61	1 399.19

（1）绘制导线草图，如图 1-1-10 所示。

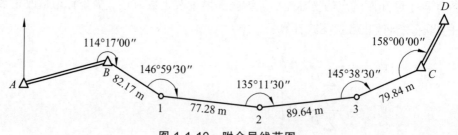

图 1-1-10　附合导线草图

（2）坐标反算：

$$\alpha_{AB} = \arctan \frac{y_B - y_A}{x_B - x_A} = \arctan \frac{1\,068.44 - 1\,264.29}{640.93 - 843.40} = 224°02'52''$$

$$\alpha_{CD} = \arctan \frac{y_D - y_C}{x_D - x_C} \arctan \frac{1\,399.19 - 1\,307.87}{793.61 - 589.97} = 24°09'12''$$

（3）角度闭合差计算：

$$\begin{aligned} \alpha'_{CD} &= \alpha_{AB} - n \times 180° + \sum \beta_{左} \\ &= 224°02'52'' - 5 \times 180° + 700°06'30'' \\ &= 24°09'22'' \end{aligned}$$

$$f_\beta = \alpha'_{CD} - \alpha_{CD} = 24°09'22'' - 24°09'12'' = 10''$$

（4）角度闭合差限差：

按图根导线 $f_{\beta限} = \pm 60\sqrt{n} = \pm 60\sqrt{5} = \pm 134.16'' > 10''$（合格）

（5）改正后角值：

$$v_\beta = -f_\beta / n = -2''$$
$$\beta_{改} = \beta_{测} + v_\beta$$

例： $\beta_B = 114°17'00'' - 2'' = 114°16'58''$

$\quad\quad \beta_1 = 146°59'30'' - 2'' = 146°59'28''$

$\quad\quad \cdots$

$\quad\quad \beta_C = 158°00'00'' - 2'' = 157°59'58''$

（6）推算方位角：

$$\alpha_{前} = \alpha_{后} - 180° + \beta_{左}$$

例： $\alpha_{B1} = 224°02'52'' - 180° + 114°16'58'' = 158°19'50''$

$\quad\quad \alpha_{12} = 158°19'50'' - 180° + 146°59'28'' = 125°19'18''$

$\quad\quad \cdots$

$\quad\quad \alpha'_{CD} = 46°09'14'' - 180° + 157°59'58'' = 24°09'12''$

（7）坐标增量闭合差计算：

$$\sum \Delta x_{测} = -50.95 \ (\text{m})$$

$$\sum \Delta y_{测} = 239.38 \ (\text{m})$$

$$\sum \Delta x_{理} = x_{终} - x_{起} = 589.97 - 640.93 = -50.96 \ (\text{m})$$

$$\sum \Delta y_{理} = y_{终} - x_{起} = 1\,307.87 - 1\,068.44 = 239.43 \ (\text{m})$$

$$f_x = -50.95 - (-50.96) = +0.01 \ (\text{m})$$

$$f_y = 239.38 - 239.43 = -0.05 \ (\text{m})$$

（8）精度计算：

$$f = \sqrt{f_x^2 + f_y^2} = 0.05$$

$$K = \frac{f}{\sum d} = \frac{1}{\sum d / f} = \frac{1}{6\,600} < \frac{1}{2\,000}$$

（9）坐标增量闭合差分配。

例： Δx_{12}、Δy_{12} 的改正数计算：

$$v_{xi} = -\frac{f_x}{\sum D} \times D_i = -\frac{0.01}{328.93} \times 77.28 \approx 0.00 \ (\text{m})$$

$$v_{yi} = -\frac{f_y}{\sum D} \times D_i = +\frac{0.05}{328.93} \times 77.28 \approx +0.01 \ (\text{m})$$

校核 $\quad \sum v_{xi} = -f_x = -0.01 \ (\text{m})$

$\quad\quad\quad\quad \sum v_{yi} = -f_y = 0.05 \ (\text{m})$

（10）改正后的坐标增量。

例：12 边的增量

$$\Delta x_改 = -44.68 + 0.00 = -44.68 \text{ (m)}$$
$$\Delta y_改 = +63.05 + 0.01 = +63.06 \text{ (m)}$$

（11）各导线点坐标推算。

例：第一点的坐标

$$x_1 = 640.93 - 76.36 = 564.57 \text{ (m)}$$
$$y_1 = 1\,068.44 + 30.35 = 1\,098.79 \text{ (m)}$$

逐点推算至终点 C 应等于 C 点的已知坐标，作为校核。

表 1-1-3　附合导线坐标计算

测点	角度观测值 /(° ′ ″)	改正后角值 /(° ′ ″)	方位角 /(° ′ ″)	边长	坐标增量		改正后坐标增量		坐标	
					Δx	Δy	Δx	Δy	x	y
1	2	3	4	5	6	7	8	9	10	11
A	左角		224 02 52						843.40	1 264.29
B	−2 114 17 00	114 16 58	158 19 50	82.17	0 −76.36	+1 +30.34	−76.36	+30.35	640.93	1 068.44
1	−2 146 59 30	146 59 28	125 19 18	77.28	0 −44.68	+1 +63.05	−44.68	+63.06	564.57	1 098.79
2	−2 135 11 30	135 11 28	80 30 46	89.64	−1 +14.78	+2 +88.41	+14.77	+88.43	519.89	1 161.85
3	−2 145 38 30	145 38 28	46 09 14	79.84	0 +55.31	+1 +57.58	+55.31	+57.59	534.66	1 250.28
C	−2 158 00 00	157 59 58	24 09 12						589.97	1 307.87
D									793.61	1 399.19
$\sum$	700°06′30″	700°06′00″		328.93	−50.95	239.38	−50.96	239.43		

$\alpha'_{CD} = \alpha_{AB} - n \times 180° + \sum \beta_左 = 24°09'22''$　　　$f_x = \sum \Delta x_测 - (x_终 - x_起) = +0.01 \text{ m}$

$f_\beta = \alpha'_{CD} - \alpha_{CD} = 24°09'22'' - 24°09'12'' = 10''$　$f_y = \sum \Delta y_测 - (y_终 - y_起) = -0.05 \text{ m}$

$f_{\beta限} = \pm 60\sqrt{n} = \pm 60\sqrt{5} = \pm 134.16'' > 10''$（合格）　$f = \sqrt{f_x^2 + f_y^2} = 0.05 \text{ m}$　$K = \dfrac{f}{\sum D} = \dfrac{1}{\sum D/f} \approx \dfrac{1}{6\,600} < \dfrac{1}{2\,000}$

3. 闭合导线的坐标计算

闭合导线坐标计算的步骤与附合导线基本上是相同的，由于几何图形的不同，构成的检核条件不同，因此在计算角度闭合差、坐标增量闭合差及闭合差调整方面不同于附合导线，现将不同之处分述如下：

1）角度闭合差的计算和调整

多边形闭合导线内角和的理论值应为：

$$\sum \beta_{理} = (n-2) \times 180° \qquad (1\text{-}1\text{-}21)$$

式中 n——为多边形内角数。

由于观测角不可避免含有误差，使得实测的内角之和 $\sum \beta_{测}$ 与理论上的内角和 $\sum \beta_{理}$ 不相等，其差值称角度闭合差。以 f_{β} 表示，即：

$$f_{\beta} = \sum \beta_{测} - \sum \beta_{理} \qquad (1\text{-}1\text{-}22)$$

查阅《工程测量规范》，若角度闭合差超限，则所观测成果不符合要求，应检查或重测；若角度闭合差在容许范围内，则观测成果符合要求，可进行闭合差的调整。闭合导线角度闭合差的调整原则是：将角度闭合差以相反符号平均分配到各观测角值中去，如果不能均分，闭合差的余数应分配给短边的夹角。

2）各边方位角的计算

闭合导线点编号为顺时针时，内角是右角，推算方位角按右角公式；闭合导线点编号为逆时针时，内角是左角，推算方位角按左角公式。

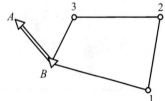

图 1-1-11 闭合导线计算

3）坐标增量闭合差的计算和调整

如图 1-1-11 所示，闭合导线纵、横坐标增量代数和的理论值均应等于零，即：

$$\left.\begin{array}{l} \sum \Delta x_{理} = 0 \\ \sum \Delta y_{理} = 0 \end{array}\right\} \qquad (1\text{-}1\text{-}23)$$

由于量边误差和角度闭合差调整后残余误差的存在，不能满足式（1-1-23）的要求，所以产生坐标增量闭合差，即：

$$\left.\begin{array}{l} f_x = \sum \Delta x_{测} - \sum \Delta x_{理} = \sum \Delta x_{测} \\ f_y = \sum \Delta y_{测} - \sum \Delta y_{理} = \sum \Delta y_{测} \end{array}\right\} \qquad (1\text{-}1\text{-}24)$$

坐标增量闭合差的调整与附合导线相同，坐标计算中应推算回已知点作为校核，【例题 1-1-4】见表 1-1-4。

表 1-1-4　闭合导线坐标计算

测点	角度观测值 /(° ′ ″)	改正后角值 /(° ′ ″)	方 位 角 /(° ′ ″)	边长	坐标增量		改正后坐标增量		坐标	标
					Δx	Δy	Δx	Δy	x	y
1	2	3	4	5	6	7	8	9	10	11
B	（左角）								500.00	500.00
			125 30 00	105.22	-2 -61.10	$+2$ $+85.66$	-61.12	$+85.68$		
1	$+13$ 107 48 30	107 48 43							438.88	585.68
			53 18 43	80.18	-2 $+47.90$	$+2$ $+64.30$	-47.88	$+64.32$		
2	$+12$ 73 00 20	73 00 32							486.76	650.00
			306 19 15	129.34	-3 $+76.61$	$+2$ -104.21	$+76.58$	-104.19		
3	$+12$ 89 33 50	89 34 02							563.34	545.81
			215 53 17	78.16	-2 -63.32	$+1$ -45.82	-63.34	-45.81		
B	$+13$ 89 36 30	89 36 43							500.00	500.00
			125 30 00							
$\sum$	359 59 10	360 00 00		392.90	$+0.09$	-0.07	0.00	0.00		

$\sum \beta_{测} = 359°59'10''$　　　　　　　　$f_x = +0.09$ m　　　$f_y = -0.07$ m

按图根导线 $f_{\beta限} = \pm 60\sqrt{n} = \pm 60\sqrt{4} = \pm 120'' > 50''$ 合格　　$f = \sqrt{f_x^2 + f_y^2} = 0.11$ m

$\sum \beta_{理} = 360°$　$f_\beta = -50''$　　　　　　$K = \dfrac{f}{\sum D} = \dfrac{1}{\sum D/f} \approx \dfrac{1}{3\,500} < \dfrac{1}{2\,000}$

$v_\beta = -f_\beta / n = 12.5''$

1.1.4　相关案例

【**案例**】　　**××市工业园区××分区 1∶500 数字化地形图测量技术设计书**

　　为满足××市工业园区××分区规划设计用图的需要，受甲方委托，××地形测量队（乙方）承揽工业园区××分区约 29 km^2 的 1∶500 数字化地形图测量任务。为统一技术要求，以保证成果质量，特编写技术设计书。

　　1. 测区概况

　　测区位于××市以西，以××镇为中心，周边约 29 km^2 的范围，交通较为便利。测区地形以丘陵地为主，部分上坡上有树，测区内耕地大部分为旱地，有部分水稻田。

　　2. 设计及作业依据

　　（1）GJ J8—99《城市测量规范》。

　　（2）GB 12898—91《国家三、四等水准测量规范》。

　　（3）GB/T 7929—1995《1∶500、1∶1 000、1∶2 000 地形图图式》。

......

3. 已有资料

控制资料由××市规划局提供：

（1）Ⅱ、Ⅲ等三角点四个可作为测区布设首级控制测量平面控制的起算点。

（2）Ⅲ等以上水准点可作为首级控制测量高程控制的起算点。

（3）上述成果为××坐标系，1985国家高程基准。

（4）测区内已有一级导线点、GPS点可利用。因坐标系不同，需经转换检测符合要求后方可使用。

地形图资料略。

4. 平面坐标系统、高程系统和等高距

（1）平面坐标采用××坐标系。

（2）高程系统采用1985国家高程基准。

（3）基本等高距为0.5 m。

5. 基础控制测量

平面控制采用四等GPS进行控制；高程控制采用四等水准测量和光电测距三角高程测量控制（详细技术要求略）。

6. 图根控制测量

（1）图根平面控制。

图根点是直接提供地形图测绘的依据，应在以上各等级控制点的基础上加密布设，图根点的密度应该满足测图的需要。建筑物密集地区应适当增加图根点，空旷地区可适当减少，但要保证测图需要的控制密度。

图根点主要采用光电测距导线布设的形式，其主要技术要求如表1-1-5所示。

表1-1-5　光电测距导线主要技术要求

比例尺	导线长度	平均边长	测距测回数	测角测回数		方位角闭合差	导线全长相对闭合差
				DJ$_2$	DJ$_6$		
1：500	900 m	80 m	1	1	1	$\pm 40\sqrt{n}$	1/4 000

导线长度短于表中1/3时，其绝对闭合差不应大于0.15 m。图根点相对于起算点的点位中误差不得大于±5 cm。

图根导线一般应为附合导线，不宜超过二次附合。当遇到较大单位只有一个出入口时，允许采用闭合导线。

（2）图根高程控制。

图根点的高程中误差不得大于测图基本等高距的1/10。

主要技术要求略。

7. 地形图测绘（略）

......

1.1.5　知识拓展

1.1.5.1　无定向导线测量

目前在施工测量中，平面控制测量复测和加密主要采用的方法有 GPS 测量和导线测量。但是，常常因为施工等因素而破坏了原有的高等级平面控制点，或者因为房屋新建、树林遮挡等因素导致原本通视的 2 个控制点不能通视。在这种情况下，通常可以采用 GPS 测量方法加密和恢复控制网。但对于卫星信号较差的测区，无定向导线测量方法就显示出其优越性。无定向导线是导线测量中的一种特殊的形式，在铁路、公路、井下和坑道作业和通视困难的城市和林区的测量中已得到了广泛应用。

1. 无定向导线的基本形式

对于一般的附合导线如图 1-1-12 所示，有两个已知起算高级控制点 B、C，并有两个已知起算方位角 α_{AB}、α_{CD}，但是如果在测区只能找到 B、C 两个点，A、D 两个点被破坏了，或者 A、B 点不能通视、C、D 点也不能通视，这时就无法提供起算方位角 α_{AB}、α_{CD}，这样所形成的导线就称为无定向导线。无定向导线是不能测量连接角的导线，它是附合导线的一种特殊形式，其优点在于可以发挥孤立已知点的作用。

图 1-1-12　附合导线

2. 无定向导线的计算原理

图 1-1-13 中，B、C 两点为已知点，1、2、3 为待定点，β_1、β_2、β_3 为观测的水平角，S_1、S_2、S_3、S_4 为观测的水平距离。

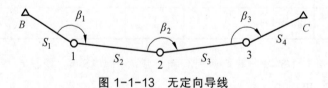

图 1-1-13　无定向导线

（1）首先假定 $B1$ 边的方位角 $\theta_1 = 0°00'00''$，则可根据下式推算出其他各边假定方位角为 θ_2、θ_3、θ_4。

$$\theta_{i+1} = \theta_i \pm 180° \mp \beta_i (i = 1, 2, 3)$$

（2）计算各边的坐标增量：

$$\begin{cases} \Delta X'_i = S_i \cdot \cos\theta_i \\ \Delta Y'_i = S_i \cdot \sin\theta_i \end{cases}$$

（3）计算 C 点的假定坐标：

$$\begin{cases} X'_C = X_B + \sum_{i=1}^{4} \Delta X'_i \\ Y'_C = Y_B + \sum_{i=1}^{4} \Delta Y'_i \end{cases}$$

（4）根据 B 点的真实坐标和 C 点的假定坐标计算 BC 边的假定方位角：

$$\alpha'_{BC} = \arctan \frac{Y'_C - Y_B}{X'_C - X_B}$$

（5）推算各边的实际方位角：

$$\alpha_i = \theta_i + \alpha_{B1} \quad (\text{其中 } \alpha_{B1} = \alpha_{BC} - \alpha'_{BC})$$

（6）坐标增量闭合差的计算和分配。

（7）计算各待定点坐标。

以上计算有些部分具体可参考图根导线内业计算部分，这里不再赘述。

1.1.5.2   交会测量

交会测量也是控制点布设的一种形式，当测区需要的控制点不多时可以采用这种布设形式。它是通过观测水平角，利用已知点的坐标来计算得到待定点坐标的一种方法。

1. 前方交会

如图 1-1-14 所示，在 △ABC 中已知 A、B 两点的坐标分别为（x_A, y_A）和（x_B, y_B）。为了得到 C 点的坐标，需要测出水平角 ∠CAB 和 ∠CBA，根据 AB 边的边长 D_{AB}，利用正弦定理推算出 AC 边的边长，再推出 AC 边的坐标方位角，从而可推算出待定点 C 的坐标（x_C, y_C）。

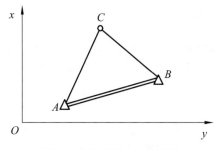

图 1-1-14   前方交会原理

2. 后方交会的原理

后方交会如图 1-1-15 所示，其基本原理是：在待定点上设站，向 3 个已知点进行观测，A、B、C 进行观测，测得 α、β、γ。然后再根据 A、B、C 3 点的坐标计算 P 点的坐标。

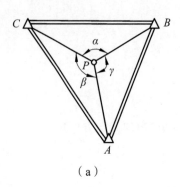 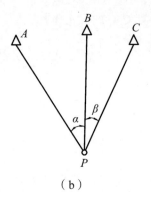

（a） （b）

图 1-1-15 后方交会

以待定点在 3 个已知点所构成的三角形之外为例，计算公式如下：

（1）引入辅助量 a,b,c,d 为：

$$
\begin{cases}
a = (x_A - x_C) + (y_A - y_C)\cot\alpha \\
b = (y_A - y_C) + (x_A - x_C)\cot\alpha \\
c = (x_B - x_C) - (y_B - y_C)\cot\beta \\
d = (y_B - y_C) + (x_B - x_C)\cot\beta \\
k = (c - a)/(b - d)
\end{cases}
$$

（2）计算坐标增量：

$$
\Delta x_{CP} = \frac{a + b \cdot k}{1 + k^2} \quad \text{或} \quad \Delta x_{CP} = \frac{c + d \cdot k}{1 + k^2}
$$

$$
\Delta y_{CP} = \Delta x_{CP} \cdot k
$$

（3）计算待定点坐标：

$$
\begin{cases}
x_P = x_C + \Delta x_{CP} \\
y_P = y_C + \Delta y_{CP}
\end{cases}
$$

应用上述公式时，必须按规定编号：未知点的点号为 P，计算者在 P 点要面向 3 个已知点，中间点编号为 C，左边的已知点为 A，右边的已知点为 B。

3. 自由设站法

自由设站法具有测站选择灵活、受地形限制少、野外施测工作简单、易于校核的特点。该方法与后方交会法相似，但观测元素除了水平方向值外，还应观测待定点至已知点的距离。后方交会时至少要有 3 个已知控制点，为了检核至少还要增加 1 个已知控制点，而自由设站法最少需要 2 个已知控制点，而且有 2 个已知控制点已经具有初步校核的作用，利用多个已知控制点时，可以提高测站 P 的点位精度（见图 1-1-16）。

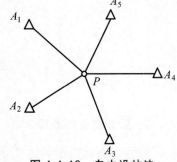

图 1-1-16 自由设站法

具体计算过程略。

1.1.6　相关规范、规程与标准

1. GB 50026—2007《工程测量规范》，中华人民共和国国家标准。
2. TB 10101—2009/J961—2009《铁路工程测量规范》，中华人民共和国国家标准。

思考题与习题

1. 导线有哪几种布设形式？各适用于什么情况？导线选点应注意哪些问题？
2. 导线计算的目的是什么？
3. 闭合导线和附合导线的计算有哪些不同？
4. 什么是坐标正算？什么是坐标反算？
5. 已知某闭合导线的观测和已知数据如表 1-1-6 所列，试按图根导线精度要求衡量该导线是否满足要求，并计算各导线点的坐标。

表 1-1-6　闭合导线的已知数据

测　站	观测左角 / (° ′ ″)	坐标方位角 / (° ′ ″)	边　长 /m	坐 标/m	
				x	y
1	60　33　14			100.000	100.000
		143　07　15	155.55		
2	156　00　46				
			25.77		
3	88　58　00				
			123.67		
4	95　23　30				
			76.58		
5	139　05　00				
			111.09		
1					

6. 已知某附合导线的观测和已知数据如表 1-1-7 所列，试按图根导线精度要求衡量该导线是否满足要求，并计算各导线点的坐标。

表 1-1-7　　附合导线已知数据

测 站	观 测 右 角 / (° ′ ″)	边长/m	坐标/m	
			x	y
A			619.60	4 347.01
B	102　29　00		278.45	1 281.45
		607.31		
1	190　12　00			
		381.46		
2	180　48　00			
		485.26		
C	79　13　00		1 607.99	658.68
D			2 302.37	2 670.87

任务 1.2　精密导线控制测量

1.2.1　学习目标

1. 知识目标

（1）熟练三联脚架法测角的方法。

（2）掌握全站仪 $2c$ 值和指标差的检校方法。

（3）掌握导线控制网技术设计书的编写方法。

（4）掌握导线网的布设、观测、记录及限差计算的方法。

（5）掌握软件数据处理的方法。

（6）掌握控制测量成果报告书的编写方法。

2. 能力目标

（1）方法能力：

① 具备资料搜集整理的能力；

② 具备制订、实施工作计划的能力；

③ 具备综合分析判断能力；

④ 具备能正确应用行业技术规范的能力。

（2）专业能力：

① 能够采用三联脚架法观测水平角；

② 能够对全站仪进行 $2c$ 值和指标差的检验；

③ 能够进行精密导线控制技术设计书的编写；

④ 能够熟练进行精密导线的布设、观测、记录及限差计算；

⑤ 会使用软件对数据进行处理；

⑥ 能够编写控制测量成果报告书。

（3）社会能力：

① 具备能迁移和应用知识的能力以及善于创新和总结经验的能力；

② 具备较快适应环境的能力；

③ 具备团队协作的能力；

④ 具备诚实守信和爱岗敬业的职业道德；

⑤ 具备工作安全意识与自我保护能力。

1.2.2　工作任务

根据一级导线的技术要求，编写技术设计书，并在校内实训基地布设导线控制网，完成导线的观测、记录、数据处理及成果报告的编写等工作，为后续的工程放样、数字测图等提供控制基准。

1.2.3　相关配套知识

1.2.3.1　导线测量的主要技术要求

2007 年 10 月 25 日，颁布了中华人民共和国国家标准《工程测量规范》(GB 50026—2007)，并于 2008 年 5 月 1 日正式实施。新规范对各等级导线测量的技术要求做了如表 1-2-1 所示的规定。

表 1-2-1　导线测量的主要技术要求

| 等级 | 导线长度/km | 平均边长/km | 测角中误差/(″) | 测距中误差/mm | 测距相对中误差 | 测回数 | | | 方位角闭合差/(″) | 导线全长相对闭合差 |
						1″级仪器	2″级仪器	6″级仪器		
三等	14	3	1.8	20	1/150 000	6	10	—	$3.6\sqrt{n}$	≤ 1/55 000
四等	9	1.5	2.5	18	1/80 000	4	6	—	$5\sqrt{n}$	≤ 1/35 000
一级	4	0.5	5	15	1/30 000	—	2	4	$10\sqrt{n}$	≤ 1/15 000
二级	2.4	0.25	8	15	1/14 000	—	1	3	$16\sqrt{n}$	≤ 1/10 000
三级	1.2	0.1	12	15	1/7 000	—	1	2	$24\sqrt{n}$	≤ 1/5 000

注：① 表中 n 为测站数；
　　② 当测区测图的最大比例尺为 1 : 1 000 时，一、二、三级导线的平均边长及总长可适当放长，但最大长度不应大于表中规定长度的 2 倍；
　　③ 测角的 1″、2″、6″级仪器分别包括全站仪、电子经纬仪和光学经纬仪。

1.2.3.2　控制网技术设计

测量技术设计的目的是制订切实可行的技术方案，保证测绘成果（或产品）符合技术标准和满足顾客要求，并获得最佳的社会效益和经济效益。因此，每个测绘项目作业前应进行技术设计。

技术设计文件是测绘生产的主要技术依据，也是影响测绘成果（或产品）能否满足顾客要求和技术标准的关键因素。为了确保技术设计文件满足规定要求的适宜性、充分性和有效性，测绘技术的设计活动应按照策划、设计输入、设计输出、评审、验证（必要时）、审批的程序进行。

1. 技术设计的基本原则

（1）技术设计应依据设计输入内容，充分考虑顾客的要求，引用适用的国家、行业或地方的相关标准，重视社会效益和经济效益。

（2）技术设计方案应先考虑整体而后局部，且顾及发展；要根据作业区实际情况，考虑作业单位的资源条件（如人员的技术能力和软、硬件配置情况等），挖掘潜力，选择最适用的方案。

（3）积极采用适用的新技术、新方法和新工艺。

（4）认真分析和充分利用已有的测绘成果（或产品）和资料；对于外业测量，必要时应进行实地勘察，并编写踏勘报告。

2．技术设计书的编写要求

（1）内容明确，文字简练，对标准或规范中已有明确规定的，一般可直接引用，并根据引用内容的具体情况，标明所引用标准或规范名称、日期以及引用的章、条编号，且应在其引用文件中列出。

（2）对于作业生产中容易混淆和忽视的问题，应重点描述。

（3）名词、术语、公式、符号、代号和计量单位等应与有关法规和标准一致。

3．技术设计的内容

测量技术设计根据测绘活动内容的不同，设计内容有所不同。专业技术设计书的内容通常包括概述、测区自然地理概况与已有资料情况、引用文件、成果（或产品）主要技术指标和规格、技术设计方案等部分。

（1）作业的目的及任务范围。主要说明任务的来源、目的、任务量、作业范围和作业内容、行政隶属以及完成期限等任务基本情况。

（2）作业区自然地理概况与已有资料情况。作业区自然地理概况应根据不同专业测绘任务的具体内容和特点，根据需要说明与测绘作业有关的作业区自然地理概况，内容可包括：

① 作业区的地形概况、地貌特征：居民地、道路、水系、植被等要素的分布与主要特征，地形类别、困难类别、海拔高度、相对高差等。

② 作业区的气候情况：气候特征、风雨季节等。

③ 测区需要说明的其他情况，如测区有关工程地质状况。

（3）布网依据的规范，最佳方案的论证。专业技术设计书编写过程中所引用的标准、规范或其他技术文件。文件一经引用，便构成专业技术设计书设计内容的一部分。

（4）成果（或产品）主要技术指标和规格。根据具体成果（或产品），规定其主要技术指标和规格，一般可包括成果（或产品）类型及形式、坐标系统、高程基准、重力基准、时间系统、比例尺、分带、投影方法，分幅编号及其空间单元，数据基本内容、数据格式、数据精度以及其他技术指标等。

（5）设计方案具体内容。应根据各专业测绘活动的内容和特点确定。设计方案的内容一般包括以下几个方面：

① 软、硬件环境及其要求：规定作业所需的测量仪器的类型、数量、精度指标以及对仪器校准或检定的要求，规定对作业所需的数据处理、存储与传输等设备的要求。规定对专业应用软件的要求和其他软、硬件配置方面需特别规定的要求。

② 作业的技术路线或流程。

③ 各工序的作业方法、技术指标和要求。

④ 生产过程中的质量控制环节和产品质量检查的主要要求。

⑤ 数据安全、备份或其他特殊的技术要求。

⑥ 上交和归档成果及其资料的内容和要求。

⑦ 有关附录，包括设计附图、附表和其他有关内容。

4．测量技术设计书编制的程序

像任何工程建设一样，平面控制测量的技术设计是关系全局的重要环节，技术设计书是使控制网的布设即满足质量要求又做到经济合理的重要保障，是指导生产的重要技术文件。

技术设计的任务是根据控制网的布设宗旨结合测区的具体情况拟定网的布设方案，必要时应拟定几种可行方案。经过分析、对比确定一种从整体来说为最佳的方案，作为布网的基本依据。测量技术设计书编制主要经历以下几个环节：

1）搜集和分析资料

需搜集的资料有：测区内各种比例尺的地形图；已有的控制测量成果（包括全部有关技术文件、图表、手簿等）。特别应注意是否有几个单位施测的成果，如果有，则应了解各套成果间的坐标系、高程系统是否统一以及如何换算等问题；有关测区的气象、地质等情况，以供建标、埋石、安排作业时间等方面的参考；现场踏勘了解已有控制标志的保存完好情况；调查测区的行政区划、交通便利情况和物资供应情况。若在少数民族地区，则应了解民族风俗、习惯。

对搜集到的上述资料进行分析，以确定网的布设形式，起始数据如何获得，网的未来扩展等。其次还应考虑网的坐标系投影带和投影面的选择及网的图形结构，旧有标志可否利用等问题。

2）控制网的图上设计

根据对上述资料进行分析的结果，按照有关规定的技术规定，在中等比例尺上以"下棋"的方法确定控制点位置和网的基本形式。图上设计对点位的基本要求是：

在技术指标方面：控制网图形结构良好，边长适中；便于扩展和加密低级网，点位要选在视野辽阔，展望良好的地方；为减弱旁折光的影响，要求视线超越（或旁离）障碍物一定的距离；点位要长期保存，宜选在土质坚硬，易于排水的高地上。在经济指标方面：充分利用制高点和高建筑物等有利地形、地物，以便在不影响观测精度的前提下，尽量降低觇标高度；充分利用旧点，以便节省造标埋石费用，同时可避免在同一地方不同单位建造数座觇标，出现既浪费国家资财，又容易造成混乱的现象。在安全生产方面：点位离公路、铁路和其他建筑物以及高压电线等应有一定的距离。

图上设计的方法及主要步骤：图上设计宜在中、小比例尺地形图（根据测区大小，选用1∶25 000～1∶100 000地形图）上进行，其方法和步骤如下：

（1）展绘已知点。

（2）按上述对点位的基本要求，从已知点开始扩展。

（3）判断和检查点间的通视，若采用 GPS 测量技术进行，则不需检查。

3）编写技术设计书

技术设计书包括以下几方面内容：

（1）作业的目的及任务范围。

（2）测区的自然、地理条件。

（3）测区的已有测量成果情况，标志保存情况，写出文字说明，并拟定作业计划。

（4）布网依据的规范，最佳方案的论证。

（5）现场踏勘报告。

（6）各种设计图表（包括人员组织、作业安排等）。

（7）主管部门的审批意见。

关于技术设计书的编写范例见案例部分。

1.2.3.3 导线测量外业观测

目前，导线测量主要采用的仪器是全站仪。在作业前，必须按照规范要求对仪器进行检验，经检验合格后才能用于导线外业测量工作，作业中，为了提高控制网的精度，必须采用三联脚架法观测。

1. 三联脚架法

三联脚架法是一种提高导线测角和测距精度的一种措施，常用于精密短边导线的测角和测距中。为了减弱仪器对中误差和目标偏心误差对测角和测距的影响，一般使用3个既能安置全站仪又能安置带有觇牌（反射棱镜）的基座和脚架，基座具有通用光学对中器。所谓三联脚架法，即使用统一规格的全站仪基座，安置在前后连续3个导线点的脚架上，使仪器和觇标在基座上轮换安置进行测角的方法。如图1-2-1所示：在测量 B 点的水平角时，将全站仪安置在测站 B 的基座中，带有觇牌的反射棱镜安置在后视点 B_1 和前视点 B_2 的基座中。当测完一站向下一站迁站时，导线点 B 和 B_2 的脚架和基座不动，只是从基座上取下全站仪和带有觇牌的反射棱镜，在 B_2 上安置全站仪，在 B 上安置带有觇牌的反射棱镜，并将 B_1 点上的脚架移到 B_3 点上架起脚架，安置基座和带有觇牌的反射棱镜，即可进行 B_2 点的水平角观测，这样直到整条导线测完。

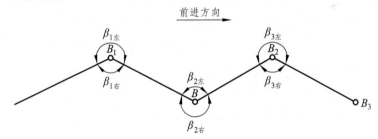

图 1-2-1 三联脚架法测水平角

在使用三联脚架法时，注意的是：除了在 B_3 点重新安置基座和带有觇牌的反射棱镜外，原来在 B 和 B_2 两点的基座，在互换仪器和觇标之后不需要重新安置基座。这是一种强制对中方法，可使仪器和觇标的中心分别强制在原先的觇标和仪器中心的同一位置上，从而减少了仪器和觇标的对中误差。

在进行如上图中的水平角观测时，应在观测总测回数中以奇数测回和偶数测回分别观测前进方向的左角和右角。例如，假设每个角度要求观测4个测回，那么应在1、3测回观测左角，2、4测回观测右角。所有角度观测完之后，需要对每个角度进行圆周角闭合差计算，其计算公式如下：

$$\beta_{闭} = [左角]_中 + [右角]_中 - 360° \tag{1-2-1}$$

测站圆周角闭合差的限差如表1-2-2所示。

表 1-2-2　测站圆周角闭合差的限差

导线等级	二	三	四	五
$\beta_{\text{闭}}/$（″）	2.0	3.6	5.0	8.0

在计算后，闭合差在限差之内时，可将计算的角度值统一划算为左角或右角，然后取角度平均值作为最后角值，计算公式如下：

$$[左角] = \frac{[左角]_{中} + (360° - [右角]_{中})}{2}$$
$$[右角] = \frac{[右角]_{中} + (360° - [左角]_{中})}{2}$$

（1-2-2）

2. 导线水平角观测

水平角观测宜采用方向观测法，当观测方向数不大于 3 个时，可不归零。各测回间应按要求配置度盘。在水平角观测过程中，气泡中心位置偏离中心位置不宜超过 1 格，对于四等以上的水平角观测，当观测方向的垂直角超过 ±3°时，宜在测回间重新整置气泡位置。

对于三、四等导线的水平角观测，当测站只有两个方向时，应在观测总测回中以奇数测回观测导线前进方向的左角，以偶数测回观测导线前进方向的右角。左右角的测回数各占总测回数的一半。根据《工程测量规范》，角度测量的限差要求如表 1-2-3 所示。

表 1-2-3　角度测量的限差要求

等级	仪器精度等级	2c 互差/（″）	测回差/（″）
四等及以上	1″级仪器	9	6
	2″级仪器	13	9
一级以下	1″级仪器	18	12
	2″级仪器	—	24

水平角观测误差超限时，应在原来度盘位置上重测，并应符合下列规定：

（1）一测回内 2c 互差或同一方向值各测回较差超限时，应重测超限方向，并联测零方向。

（2）下半测回归零差或零方向的 2c 互差超限时，应重测该测回。

（3）若一测回中重测方向数超过总方向数的 1/3 时，应重测该测回。当重测的测回数超过总测回数的 1/3 时，应重测该站。

导线水平角观测结束后，应按下式计算导线（网）测角中误差

$$m_\beta = \sqrt{\frac{1}{N}\left[\frac{f_\beta f_\beta}{n}\right]}$$

（1-2-3）

式中　f_β——导线环的角度闭合差或附合导线的方位角闭合差（″）；

n——计算 f_β 时的测站数；

N——附合导线或闭合导线环的总数。

《工程测量规范》规定，左、右角各自平均值之和与 360°的差值不大于本规范相应等级导线测角中误差的 2 倍，即 $\Delta_{\text{限}} = 2m_\beta$。三等不应超过 3.6″，四等不应超过 5.0″。

3. 导线水平距离的观测

导线（网）的边长通常采用中、短程全站仪或电磁波测距仪测距。《工程测量规范》对中、短程的划分为：短程为 3 km 以下，中程为 3 ~ 15 km。《工程测量规范》规定，导线测距的主要技术要求如表 1-2-4 所示。

表 1-2-4　导线测距的主要技术要求

等级	测距仪精度等级	每边测回数		一测回读数较差限差 /mm	测回间较差限差 /mm
		往测	返测		
二等	$m_d \leqslant 2$ mm	4	4	2	3
	2 mm ≤ m_d ≤ 5 mm			5	7
三等	$m_d \leqslant 2$ mm	2	2	2	3
	2 mm ≤ m_d ≤ 5 mm	4	4	5	7
四等	$m_d \leqslant 2$ mm	2	2	2	3
	2 mm ≤ m_d ≤ 5 mm			5	7
	5 mm ≤ m_d ≤ 10 mm	4	4	10	15
一级及以下	$m_d \leqslant 2$ mm	1	1	2	—
	2 mm ≤ m_d ≤ 5 mm			5	—
	5 mm ≤ m_d ≤ 10 mm	2	2	10	15
	10 mm ≤ m_d ≤ 20 mm			20	30

注：① 测回是指照准目标一次，读数 2~4 次的过程；
　　② 困难情况下，边长测距可采用不同时间段测量代替往返观测。

当边长观测完后，对于边长的精度评定，可按照下式计算导线的平均测距中误差

$$m_{Di} = \sqrt{\frac{[dd]}{2n}} \qquad\qquad (1\text{-}2\text{-}4)$$

式中　d ——各边往、返测的距离较差；
　　　n ——测距边数。

1.2.3.4　导线（网）平差计算

1. 平差前的准备工作

控制网平差计算工作是复杂而细致的工作。因此，为了保证平差工作的顺利完成，必须充分做好平差前的各项准备工作。

1）起算数据的收集与分析

对测区的已有控制测量成果要进行收集和分析，起算数据的精度和可靠性直接影响平差成果。起算数据的精度要满足工程要求，起算数据之间的相对误差应该小到不致于影响控制网精度。必要时应对起算数据进行外业检查和统计检验，确保其可靠性。

2）观测数据的检核与换算

对于平面控制网来说，平差计算一般是在高斯平面上进行的。因此，外业观测的数据一定要归化到高斯平面上。然后按几何条件进行检核，只有条件闭合差不超过限差时，观测值才能参加平差。此外，观测值还不应含有粗差和系统误差。应该对观测值进行有无粗差和系统误差的统计检验。

3）平差计算的注意事项

（1）外业观测值必须经过 2 人独立整理或 1 人独立整理 2 次，确保数据无误。

（2）注意观测值的编号是否正确。

（3）仔细阅读程序使用说明，按规定格式填写输入数据。对输入的控制信息和一切数据，必须由 2 人反复检核，确保正确性。

（4）平差结果要进行认真分析和审核。

2. 平差计算

对于三、四等级的导线必须采用严密平差的方法，其平差方法包括条件平差和间接平差。具体详细平差过程在《测量平差》课程中已经学过。这里仅对两种方法的计算步骤再做以叙述。

1）条件平差

（1）绘制控制网平差略图。在图上标明各已知点、待定点的点名与编号，观测值编号及其坐标推算路线等信息。

（2）编制起算数据表和观测值表。

（3）确定条件方程总数和各类条件方程个数。

（4）条件方程式和权函数式的列立。

条件方程式要相互独立（线性无关）且足数（等于多余观测个数）。权函数式的列立路线应该最短。条件方程式的矩阵形式为：

$$\left.\begin{aligned} \mathop{A}\limits_{r\times n}\mathop{V}\limits_{n\times 1}+\mathop{W}\limits_{r\times 1}&=0 \\ \mathop{W}\limits_{r\times 1}&=\mathop{A}\limits_{r\times n}\mathop{L}\limits_{n\times 1}+\mathop{A_0}\limits_{r\times 1} \end{aligned}\right\} \qquad (1\text{-}2\text{-}5)$$

式中　A——系数矩阵；

　　　V——改正数向量；

　　　W——条件方程式的闭合差向量；

　　　L——观测值向量，写成纯量形式为。

$$A = \begin{bmatrix} a_{11} & a_{12} & \cdots & a_{1n} \\ a_{21} & a_{22} & \cdots & a_{2n} \\ \vdots & \vdots & & \vdots \\ a_{r1} & a_{r2} & \cdots & a_{rn} \end{bmatrix}, \quad V = \begin{bmatrix} V_1 \\ V_2 \\ \vdots \\ V_n \end{bmatrix}, \quad L = \begin{bmatrix} L_1 \\ L_2 \\ \vdots \\ L_n \end{bmatrix}, \quad W = \begin{bmatrix} W_1 \\ W_2 \\ \vdots \\ W_r \end{bmatrix}$$

权函数式的矩阵形式为:

$$V_f = f^{\mathrm{T}} V \tag{1-2-6}$$

式中　$f = (f_1 \quad f_2 \quad \cdots \quad f_n)^{\mathrm{T}}$ 是系数向量。

(5)法方程式的组成和解算。

法方程式的矩阵表达式为:

$$\underset{r \times r}{N} \underset{r \times 1}{K} + \underset{r \times 1}{W} = 0 \tag{1-2-7}$$

式中　$N = AP^{-1}A^{\mathrm{T}}$ ——法方程的系数阵;

　　　P ——观测值的权阵, $K = (K_1 \quad K_2 \quad \cdots \quad K_r)^{\mathrm{T}}$ 为联系数向量。

法方程的解算可按高斯消元法、矩阵求逆法等多种方法。

(6)计算改正数 V_i 和平差值 $\hat{L}_i$

$$V = P^{-1} + A^{\mathrm{T}} K \tag{1-2-8}$$

$$\hat{L} = L + V \tag{1-2-9}$$

(7)精度评定。

单位权中误差计算的表达式为:

$$m_0 = \pm \sqrt{\frac{V^{\mathrm{T}} P V}{r}} \tag{1-2-10}$$

式中　r ——条件方程式的个数(多余观测个数)。

平差值函数的中误差表达式为:

$$m_f = m_0 \sqrt{Q_{ff}} \tag{1-2-11}$$

式中, $Q_{ff} = f^{\mathrm{T}} P^{-1} f + f^{\mathrm{T}} P^{-1} + A^{\mathrm{T}} q$ 为平差值函数的权倒数, $q = (q_1 \quad q_2 \quad \cdots \quad q_r)^{\mathrm{T}}$ 为转换系数, 可以利用下式求得

$$N_q + AP^{-1} f = 0 \tag{1-2-12}$$

2)间接平差

(1)绘制控制网平差略图。在图上标明各已知点、待定点的点名与编号,观测值编号及其坐标推算路线等信息。

(2)编制起算数据表和观测值表。

(3)选择未知数。一般选定待定量为未知数。当未知数的个数为 t 时,可记为

$$\hat{X} = (\hat{x}_1 \quad \hat{x}_2 \quad \cdots \quad \hat{x}_t)^{\mathrm{T}} \tag{1-2-13}$$

（4）将观测量的平差值表达成所选未知数的函数，进而转化成误差方程式：

$$\left.\begin{array}{l} \underset{n\times1}{V} = \underset{n\times t}{B} \underset{t\times1}{\delta\hat{x}} + \underset{n\times1}{l} \\[2mm] \underset{n\times1}{l} = \underset{n\times t}{B} \underset{t\times1}{X^0} + \underset{n\times1}{d} - \underset{n\times1}{L} \end{array}\right\} \tag{1-2-14}$$

式中　V——观测值改正数向量；

　　　B——误差方程式的系数矩阵；

　　　l——常数向量；

　　　$X^0 = (X_1^0 \quad X_2^0 \quad \cdots \quad X_t^0)^{\mathrm{T}}$——未知数的近似值向量；

　　　$\delta\hat{x}$——为近似值 X^0 的改正数向量；

　　　L——观测值向量；

　　　d——平差值方程中的常数项向量。

（5）组成法方程。

间接平差的法方程式为：

$$B^{\mathrm{T}}PB \cdot \delta\hat{x} + B^{\mathrm{T}}Pl = 0 \tag{1-2-17}$$

（6）解算法方程得到未知数：

$$\delta\hat{x} = -(B^{\mathrm{T}}PB)^{-1} \cdot B^{\mathrm{T}}Pl \tag{1-2-18}$$

（7）计算改正数和平差值。

（8）精度评定。

单位权中误差的计算表达式：

$$m_0 = \pm\sqrt{\frac{V^{\mathrm{T}}PV}{n-t}} \tag{1-2-19}$$

未知数中误差表达式：

$$m_{x_i} = m_0\sqrt{q_{ii}} \quad (i = 1,2,\cdots,t) \tag{1-2-20}$$

式中　q_{ii}——未知数 δX 的协因数阵中主对角线上的元素，即各未知数的权倒数。

未知数函数的中误差表达式：

$$m_F = m_0\sqrt{Q_{FF}} \tag{1-2-21}$$

式中　Q_{FF}——未知数函数的协因数。

3. 科傻软件平差计算

一般对严密平差，由于手工计算过程复杂烦琐，需要占用大量的时间，所以都将公式编成计算机程序，利用程序来计算，目前的平差软件较多，比如平差易、科傻软件。现主要介绍科傻软件的使用。

下面以附合导线为例介绍处理步骤，如表 1-2-5 所示。

表 1-2-5 附合导线原始测量数据

测站点	角度/(° ′ ″)	距离/m	X/m	Y/m
B			8 345.870 9	5 216.602 1
A	85.30211	1 474.444 0	7 396.252 0	5 530.009 0
2	254.32322	1 424.717 0		
3	131.04333	1 749.322 0		
4	272.20202	1 950.412 0		
C	244.18300		4 817.605 0	9 341.482 0
D			4 467.524 3	8 404.762 4
说明：这是一条附合导线的测量数据，A、B、C 和 D 是已知坐标点，2、3 和 4 是待测的控制点				

1）数据录入

打开科傻软件，选择"文件"菜单下的"新建"，打开如图 1-2-2 所示的窗口，在其中编写已知数据和测量数据信息，格式如图所示，其结构如下，输完后保存（文件后缀名为".in2"例如：附合导线.in2）。

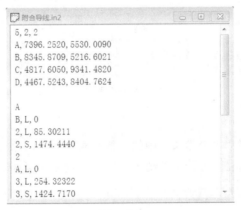

图 1-2-2

说明：

第一部分：

第一行为方向中误差，测边固定误差，测边比例误差；

第二行开始为已知点点号及其坐标值，每一个已知点数据占一行。

第二部分：

第一行为测站点点号；

第二行开始为照准点点号，观测值类型，观测值；观测值分三种，分别用一个字符（大小写均可）表示：L 表示方向，以（°）（′）（″）为单位。S 表示边长，以 m 为单位。

2）闭合差计算

在"工具"菜单中选择"闭合差计算"，弹出如图 1-2-3 所示对话框，选择平面观测文件"附合导线.in2"进行闭合差计算，计算结果存放于闭合差结果文件"网名.clo"中。

图 1-2-3

3）平差计算

在"平差"菜单下选择"平面网"，则弹出如图 1-2-4 所示的对话框，选择平面观测文件"附合导线.in2"进行平差计算，计算结果存放于平差结果文件"附合导线.ou2"中。

图 1-2-4

4）平差报表

在"报表"菜单下选择"平差结果"中的"平面网"，弹出如图 1-2-5 所示的对话框，选择平差结果文件"附合导线.ou2"进行平差结果的输出，则成果保存到"附合导线.rt2"文件中。

图 1-2-5

1.2.4　相关案例

【案例 1】　　　　　　　　　　　　控制测量技术设计书编写

以××铁路复测报告书为例：

1 测区及平面网概况

1.1 测区概况

××铁路某施工管段，施工复测线路长度约6 km，管段主要工程花培岭隧道，测区主要为丘陵区，地面高程 78～397 m，相对高程 20～200 m，地形起伏大，丘坡自然坡度较陡，大部分土地为林地、果园、少部分为农田。

1.2 已有资料情况

根据设计单位所提供的技术总结资料，该管段采用北京54坐标系，中央子午线经度111°，投影面大地高为 0 m。

已知点情况，隧道进口（××方向）有CPI网控制点2个：CPI1067和CPI1068，隧道出口（××方向）有CPI网控制点2个：CPI1069和CPI1070。

1.3 资源配置（见表1-2-6）

表 1-2-6 复测投入仪器设备汇总表

序号	设备名称	设备型号	产地	设备精度	数量
1	天宝GPS接收机	5800 II	美国	± 5 mm $+ 1 \times 10^{-6}$	3组
2	对讲机		中国		3台
3	笔记本电脑	联想SL400	中国		1台

2 执行标准

（1）《全球定位系统（GPS）测量规范》（GB/T 18314—2001）。

3 坐标系统和高程系统

3.1 坐标系统

本次任务范围，其GPS控制网平差所采用的中央子午线经度为111°，坐标系统均为北京54坐标系，与设计单位所采用的相一致。

3.2 高程系统

由于原来勘测设计阶段采用的高程系统为1985年黄海高程系，因此本次复测采用的高程系统亦同。

4 现场总体组织与要求

为了保证在规定时间内圆满完成该项任务，组成1个GPS观测组。此外，观测过程中严格按照以下要求执行。

（1）在实施之前，按照规范要求在国家计量认证单位对所有的观测设备进行检定，且均在有效周期内。检定的设备为天宝GPS3台。

（2）在实施过程中严格按照国家相关规范进行作业，所有记录计算要求按规范相关条款进行。

（3）现场作业严格遵守有关操作规程、尊重当地居民，注意人身和仪器的安全。

5 平面控制网主要技术要求

5.1 施测方案

根据设计单位所提供的控制点资料，本管段CPI GPS控制点4个；本次复测是为了检测勘测阶段和在施工之前、设计院提供的GPS控制点是否有位移，从而确保施工过程中所使用控制点成果准确有效。因此，本次复测的最终目的是以设计院提供的 4 个 CPI 控制点为基准，在进口和出口新加密 4 个控制点进行联测；本次 CPI 网与设计院采用同等级观测，采用 C 级 GPS 控制网进行观测，观测 1 个时段，观测时间为 60～90 min，分别以 CPI1067 和 CPI1070 为约束点；GPS 网采用边联式构网，控制网以大地四边形为基本图形组成带状网，每个控制点至少有 3 个以上的基线方向。

CPI 网复测观测顺序安排表（略）

5.2　GPS 控制网精度指标

GPS 测量的精度指标应符合表 1-2-7 的规定。

表 1-2-7　GPS 测量的精度指标

控制网级别	基线边方向中误差	最弱边相对中误差
CPI（C 级）	≤1.7″	1/100 000

各级 GPS 控制网测量的主要精度和技术指标应符合全球定位系统（GPS）铁路测量规程的规定，如表 1-2-8 所示。

表 1-2-8　GPS 测量的精度指标

级　　别	C
a /mm	≤10
b /（mm/km）	≤5

注：a——固定误差（mm）；b——比例误差系数。

各级 GPS 网相邻点间弦长精度用下式表示：

$$\sigma = \sqrt{a^2 + (b \times d)^2} \qquad\qquad (1\text{-}2\text{-}22)$$

式中　σ——中误差（mm）；

　　　d——相邻点间距离（km）。

GPS 测量作业应满足表 1-2-9 中的基本技术要求。

表 1-2-9　各级 GPS 测量作业的基本技术要求

项　　目	级　　别	C
静态测量	卫星高度角/（°）	≥15
	有效卫星总数	≥4
	时段中任一卫星有效观测时间/min	≥20
	时段长度/min	≥60
	观测时段数	1～2
	数据采样间隔/s	15～60
	PDOP 或 GDOP	≤8

各级控制点的可重复性测量精度和相邻点位的相对精度应符合表 1-2-10 的规定。

表 1-2-10 控制点的定位精度要求（mm）

控制点	可重复性测量精度	相对点位精度
CPI	15	10

注：① 可重复性测量精度：控制点两次定位坐标差的中误差或补设、增设控制点时，由现有已知控制点发展的新控制点相对于已知点的坐标中误差；
② 表中数据为 X、Y 坐标方向的中误差；
③ D 为基线边长，单位为 mm。

各级控制网的多余观测分量平均值 $\bar{r}$ 宜满足：

$$\bar{r} = \frac{r}{n} > 0.25 \qquad\qquad (1\text{-}2\text{-}23)$$

式中 r——控制网的多余观测数；

n——控制网的总观测数。

6 数据处理

GPS CPI 控制网复测数据处理使用 Trimble Geomatics Office 软件进行基线及数据处理，提供 CPI 网环闭合差报告、无约束自由平差协方差项及平差后复测坐标对比表。

7 人员及仪器鉴定证书

7.1 复测人员配置（附表）（此处略）

7.2 测量人员资质和仪器鉴定证书（附表）（此处略）

说明：控制测量成果报告书的编写和控制测量技术设计书的编写方式基本相同，不同之处就是在成果报告书的数据处理部分附上数据成果表。

【案例 2】　　　　　　　××地铁 2 号线精密导线控制测量技术报告书

1 任务依据

根据××地铁 2 号线总包指挥部对控制网复测的要求，对××地铁 2 号线精密导线网进行年度复测。

2 工程概况

××市位于江苏省的西北部，东经 116°22′～118°40′、北纬 30°43′～34°58′之间。辖区东西长约 210 km，南北宽约 140 km，总面积 11 258 km²。××城市轨道交通 2 号线项目位于××市区四环路内，地势平坦，平均海拔约 37 m，其范围为东经 117°06′36″～118°07′、北纬 34°14′56″～34°16′06″之间。是一条串联城区正北到主城区东南方向的骨干线，部分地下铺设、部分高架线路，长约 24.3 km，设站 20 座。

3 技术标准、测量方法及精度指标

3.1 依据的技术标准

（1）《城市轨道交通工程测量规范》GB 50308—2008。

（2）《城市测量规范》CJJ/T 8—2011。

（3）《测绘成果质量检查与验收》(GB/T 24356—2009)。

（4）《××城市轨道交通 2 号线地面控制测量成果交底》。

3.2　导线测量方法和精度指标

精密导线网复测采用 I 级自动全站仪按全圆方向观测法进行测量，主要技术指标应符合表 1-2-11、表 1-2-12、表 1-2-13 的要求。

表 1-2-11　精密导线测量主要技术要求

平均边长/m	闭合环或附合导线总长度/km	每边测距中误差/mm	测距相对中误差	测角中误差/(″)	水平角测回数 II级全站仪	边长测回数 II级全站仪	方位角闭合差/(″)	全长相对闭合差	相邻点的相对点位中误差/mm
350	3 ~ 4	±4	1/60 000	±2.5	6	往返测距各2测回	$5\sqrt{n}$	1/35 000	±8

表 1-2-12　方向观测法水平角观测技术要求/(″)

全站仪等级	半测回归零差	一测回内 $2c$ 较差	同一方向值各测回较差
I 级	8	13	9

表 1-2-13　距离测量限差技术要求/mm

全站仪等级	一测回中读数间较差	单程各测回间较差	往返测或不同时段结果较差
I 级	4	6	$2 \times (a + bd)$

注：① $(a + bd)$ 为仪器标称精度，a—固定误差；b—比例误差系数；d—距离测量值（以 km 计）；
　　② 一测回指照准目标一次读数 4 次。

4　复测组织及完成的主要工作量情况

4.1　复测的组织

××地铁 2 号线精密控制网的复测工作由××工程质量检测有限责任公司承担，公司测量事业部负责实施。

4.2　投入使用的测量仪器

根据规范的相关要求，本次复测使用的主要测量仪器和软件如表 1-2-14 所示。所有仪器均经省级以上计量检定部门检定合格并在检定有效期内，仪器的标称精度以及技术状态均满足复测的要求，软件均为正版软件。

表 1-2-14　拟投入使用的主要测量仪器

序	仪器名称	规格型号	精度	数量
1	I 级全站仪	TS15	1mm+1ppm	1
2	武汉大学科傻平面解算软件			1 套

注：ppm—非法定制单位，1 ppm = 1×10^{-6}。

4.3　主要的测量人员

根据工期和技术方案的要求，本次复测投入的主要测量人员有高级工程师 2 名，中级工 4 名。主要的测量人员及分工情况（略）。

4.4　测量时间及主要完成工作

导线测量：于 2016 年×月×日开始，2016 年×月×日结束。

5　复测控制点的现状

精密导线点 63 个，其中因设计的点被破坏和施工影响变更位置 9 个，分别为：2D04、2D05、2D11、2D29、2D34、2D41、2D42、2D59、2D62，取消 1 个：2D30，新加密 7 个，其中 2 个和 GPS 共桩，2G08 和 2G07。

6　精密导线控制网的数据精度统计

精密导线控制网在观测前，将所使用的仪器设备都进行了校正，满足观测要求，观测期间，选择早、晚和阴天观测，降低温度对测距的影响，本次导线复测精密导线控制网的数据精度统计

精密导线控制网导线两端均以一等卫星控制网点作为已知点，共布设 10 条附合导线，其导线观测线路及精度为：

6.1　导线网计算精度分析

```
=================================================
```

序号：<1>几何条件：附合导线

路径：2G03-2G04-JM11-LS11-2D10-2D09-2D08-2D07-2D06-(2D05-1)-(2D04-1)-2G03-2G02

角度闭合差=13.1(s)，限差=±16.58(s)fx=0.005(m)，fy=0.017(m)，fd=0.018(m)

总边长[s]=3418.649(m)，全长相对闭合差 k=1/189507。

序号：<2>几何条件：附合导线

路径：2G06-2G05-2D15-2D14-2D13-2D12-JM11-2G04-2G03

角度闭合差=8.6(s)，限差=±13.23(s)fx=0.002(m)，fy=-0.015(m)，fd=0.015(m)

总边长[s]=2061.577(m)，全长相对闭合差 k=1/139152。

序号：<3>几何条件：附合导线

路径：1G16-1G15-2D22-1-2D21-2D20-2G07-2D19-2D18-2D17-2D16-2D15-2G05-2G06

角度闭合差=1.9(s)，限差=±16.58(s)fx=-0.017(m)，fy=0.017(m)，fd=0.024(m)

总边长[s]=3675.629(m)，全长相对闭合差 k=1/150616。

序号：<4>几何条件：附合导线

路径：2G10-2G09-2D29-1-2D28-2D27-2G08-2D26-2D25-FD1-1G15-1G16

角度闭合差=2.8(s)，限差=±15.00(s)fx=0.005(m)，fy=0.009(m)，fd=0.010(m)

总边长[s]=2665.512(m)，全长相对闭合差 k=1/264185。

序号：<5>几何条件：附合导线

路径：2G12-2G11-2D36-2D35-2D34A-JM1-2D33-2D32-2D31-2G09-2G10

角度闭合差=-9.6(s)，限差=±13.23s)fx=0.005(m)，fy=0.017(m)，fd=0.018(m)

总边长[s]=2336.406(m)，全长相对闭合差 k=1/129951。

```
=================================================
```

序号：<6>几何条件：附合导线

路径：2G13-2G14-2D44-2D43-2D42B-2D41B-2D40-2D39-2D38-2D37-2G12-2G11

角度闭合差=-2.3(s)，限差=±15.81(s)fx=-0.006(m)，fy=-0.008(m)，fd=0.010(m)

总边长[s]=3302.844(m)，全长相对闭合差 k=1/322274。

==

序号：<7>几何条件：附合导线

路径：2G14-2G15-2D51-2D50-2D49-2D48-2D47-2D46-2D45-2G14-2G13

角度闭合差=3.6(s),限差=±15(s)fx=0.070(m),fy=0.012(m),fd=0.071(m)

总边长[s]=3009.463(m),全长相对闭合差 k=1/42616。

==

序号：<8>几何条件：附合导线

路径：2G17-2G16-2D56-2D55-2D54-2D53-2D52-2D51-2G15-2G14

角度闭合差=6.6(s),限差=±14.14s)fx=0.028(m),fy=0.031(m),fd=0.042(m)

总边长[s]=2709.753(m),全长相对闭合差 k=1/63956。

==

序号：<9>几何条件：附合导线

路径：2G18-2G17-2D60-ZD2-ZD3-2D58-2D57-2D56-2G16-2G17

角度闭合差=-11.7(s),限差=±14.14(s)fx=0.018(m),fy=-0.013(m),fd=0.022(m)

总边长[s]=1977.13(m),全长相对闭合差 k=1/89592。

==

序号：<10>几何条件：附合导线

路径：2G20-2G19-2D66-2D65-2D64-2D63-ZD1-2D61-2D60-2G17-2G18

角度闭合差=-5.6(s),限差=±15(s)fx=-0.013(m),fy=0.019(m),fd=0.023(m)

总边长[s]=2122.741(m),全长相对闭合差 k=1/91893。

==

以上 10 个附合路线精度中，导线<1>的角度闭合差最大，其角度闭合差为 13.1″，该环的角度闭合差限差为 $5\sqrt{n}=16.58″$，满足规范要求，导线<7>的最弱的全长相对闭合差最大，其全长相对闭合差为 $k=1/42\ 616 < 1/35\ 000$，也满足规范要求。以上数据表明，所有附合路线精度满足《城市轨道交通工程测量规范》（GB 50308—2008）中的要求。

6.2　导线成果分析

使用武汉大学科傻平面数据计算软件进行平差计算，对导线设计坐标进行对比，部分对比结果如表 1-2-15 所示。

表 1-2-15　导线成果较差表

点号	复测坐标/m		原测坐标/m		较差/mm		备注
2D04-1			9 941.380 0	659.479 0			加密点
2D05-1			9 905.741 7	725.053 7			加密点
2D06	9 889.024 3	721.765 6	9 889.028 6	721.754 9	−4.30	10.70	合格
2D07	9 876.050 9	787.162 4	9 876.057 1	787.150 8	−6.20	11.60	合格
2D08	9 845.224 5	763.975 4	9 845.231 5	763.968 5	−7.00	6.90	合格
2D09	9 867.734 2	712.893 1	9 867.741 6	712.887 1	−7.40	6.00	合格
2D10	9 845.032 4	740.862 3	9 845.038 5	740.860 5	−6.10	1.80	合格
LS11			9 752.432 4	792.879 2			加密点
JM11			9 764.249 8	799.646 6			加密点
JM11			9 764.251 7	799.643 4			加密点

续表 1-2-15

点号	复测坐标/m		原测坐标/m		较差/mm		备注
2D12	9 690.667 8	753.562 0	9 690.671 9	753.562 1	−4.10	−0.10	合格
2D13	9 690.559 5	732.433 6	9 690.564 2	732.439 1	−4.70	−5.50	合格
2D14	9 645.078 1	682.847 1	9 645.082 6	682.852 4	−4.50	−5.30	合格
2D15	9 580.609 6	650.874 2	9 580.614 1	650.868 4	−4.50	5.80	合格
2D15	9 580.610 0	650.874 2	9 580.612 1	650.868 8	−2.50	5.40	合格
2D16	9 510.742 4	689.736 9	9 510.742 7	689.751 6	−0.30	−14.70	超限
2D17	9 555.868 3	676.689 4	9 555.871 2	676.700 0	−2.90	−11.60	合格
2D18	9 465.927 6	643.182 9	9 465.931 4	643.190 9	−3.80	−8.00	合格
2D19	9 414.280 7	690.936 8	9 414.286 6	690.942 6	−5.90	−5.80	合格
2G07	9 471.161 0	639.322 0	9 471.166 5	639.321 6	−5.50	0.40	合格
2D20	9 375.270 6	692.302 4	9 375.277 8	692.303 7	−7.20	−1.30	合格

7　精密导线复测结论及问题说明

　　本次精密导线复测共观测导线网 10 个，在复测前，与各标段沟通，原则上按照各标段复测导线点位顺序观测，使用相同的起算边进行平差，经计算，全部导线网符合规范限差要求，各别点位超限外，绝大多数点位限差合格，但部分点位差值已经接近临界，需要在施工过程中注意检核，对于精度要求较高的结构物放线，建议使用别的相对稳定的点位放线。

8　附录

8.1　导线控制网示意图（略）

8.2　人员设备证书

　　（1）资质证书（略）。

　　（2）人员职称技能证书（略）。

　　（3）仪器鉴定证书（略）。

1.2.5　知识拓展——导线网的精度估算

　　控制测量工作的第一阶段就是控制网的技术设计。控制网的精度能否满足需要是技术设计报告的主要内容之一。精度估算的目的是推求控制网中边长、方位角或点位坐标等的中误差，它们都是观测量平差值的函数，统称为推算元素。精度估算的方法有两种，具体是：

　　（1）公式估算法。公式估算法就是针对某一类网形导出计算某种推算元素的普遍公式。其优点是：不仅能用于定量地估算精度值，而且能定性地表达各主要因素对最后精度的影响；缺点是：推算过程复杂，很难得到实用公式。

　　（2）程序估算法。该法是根据控制网略图，利用已有程序在计算机上进行计算。在程序运行开始之前，应输入由图上量取的方向和边长作为观测值，各观测值的精度也应按设计值给出。输入方式按程序规定进行。在计算过程中，使程序仅针对所需的推算元素计算精度并输出供使用。程序估算法简便快捷，是常被采用的一种方法。

　　下面主要介绍导线精度估算的基本原理。

1.2.5.1　等边直伸导线的精度分析

在城市及工程导线网中，单一导线是一种较常见的网形，其中又以等边直伸导线为最简单的典型情况。各种测量规范中有关导线测量的技术要求都是以对这种典型情况的精度分析为基础而制定的。为此下面将重点介绍附合导线的最弱点点位中误差和平差后方位角的中误差。主要采用的符号有：

u ——点位的横向中误差；

t ——点位的纵向中误差；

M ——总点位中误差；

D ——导线端点的下标；

Z ——导线中点的下标；

Q ——起始数据误差影响的下标；

C ——测量误差影响的下标。

例如 $t_{C,D}$ 表示由测量误差而引起的导线端点的纵向中误差；$u_{Q,Z}$ 表示由起始数据误差而引起的导线中点的横向中误差。

1. 附合导线经角度闭合差分配后的端点中误差

图 1-2-6 所示的等边直伸附合导线，经过角度闭合差分配后的端点中误差包括两部分：观测误差影响部分和起始数据误差影响部分。有关的计算公式已在测量学中导出，现列出如下：

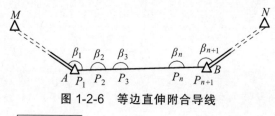

图 1-2-6　等边直伸附合导线

$$t_{C,D} = \sqrt{n \cdot m_s^2 + \lambda^2 L^2} \tag{1-2-24}$$

$$u_{C,D} = \frac{m_\beta}{\rho} L \sqrt{\frac{(n+1)(n+2)}{12n}} \approx \frac{s m_\beta}{\rho} \sqrt{\frac{n+3}{12}} \tag{1-2-25}$$

$$t_{Q,D} = m_{AB} \tag{1-2-26}$$

$$u_{Q,D} = \frac{m_\alpha}{\rho} \cdot \frac{L}{\sqrt{2}} \tag{1-2-27}$$

式中　n ——导线边数；

m_s ——边长测量的中误差；

λ ——测距系统误差系数；

L ——导线全长；

m_β ——测角中误差（以 s 为单位）；

m_{AB} ——AB 边长的中误差；

m_α ——起始方位角的中误差；

s ——导线的平均边长。

导线的端点中误差为：

$$M_{\mathrm{D}} = \sqrt{t_{\mathrm{C,D}}^2 + u_{\mathrm{C,D}}^2 + t_{\mathrm{Q,D}}^2 + u_{\mathrm{Q,D}}^2} \qquad (1\text{-}2\text{-}28)$$

由上述公式可以看出，对于等边直伸附合导线而言，因测量误差而产生的端点纵向误差 $t_{\mathrm{C,D}}$ 完全是由量边的误差而引起的；端点的横向误差 $u_{\mathrm{C,D}}$ 完全是由测角的误差引起的。这个结论从图形来看是显然的，然而，如果导线不是直伸的，则情况就不同了。测角的误差也将对端点的纵向（指连接导线起点和终点的方向）误差产生影响，同样量边的误差也将对导线的横向误差产生影响。也就是说，无论是纵向误差还是横向误差，都包含有两种观测量误差的影响。对于这种一般情况下的端点点位误差的公式，这里就不予推导了。

2. 附合导线平差后的各边方位角中误差

α_i 的中误差：

$$m_{\alpha_i} = \sqrt{\frac{1}{P_{\alpha_i}}} = m_\beta \sqrt{i - \frac{i^2}{n+1} - \frac{3i^2(n-i+1)^2}{n(n+1)(n+2)}} \qquad (1\text{-}2\text{-}29)$$

由式（1-2-29）可知 m_{α_i} 是导线边数 n，方位角序号 i 和测角中误差 m_β 的函数。现就 $m_\beta = 1$ 的情况算出不同的 n 和 i 对应的 m_{α_i} 值列于表 1-2-16。从中可以看出：① 一般地说，平差后各边方位角的精度最大仅相差约 0.3″（当 $n = 16$ 时）；② 对于 $n = 12 \sim 16$ 的导线，各边的 m_α 的平均值近似等于测角中误差 m_β；③ 方位角精度的最强边当 $n < 10$ 时在导线中间，当 $n > 10$ 时在导线两端；④ 方位角精度的最弱边大约在距两端点 $1/5 \sim 1/4$ 导线全长的边上，如图 1-2-7 所示。

表 1-2-16　直伸等边导线平差后各边方位角误差系数 Q_{α_i}

导线边号 i	导线边数 n						
	4	6	8	10	12	14	16
1	0.63	0.73	0.79	0.82	0.85	0.87	0.89
2	0.55	0.73	0.86	0.95	1.01	1.06	1.10
3	0.55	0.66	0.81	0.93	1.03	1.11	1.18
4	0.63	0.66	0.75	0.87	0.99	1.10	1.18
5		0.73	0.75	0.82	0.94	1.05	1.15
6		0.73	0.81	0.82	0.90	1.00	1.10
7			0.86	0.87	0.90	0.98	1.06
8			0.79	0.93	0.94	0.98	1.03
9				0.95	0.99	1.00	1.03
10				1.82	1.03	1.05	1.06
11					1.01	1.10	1.10
12					0.85	1.11	1.15
13						1.06	1.18
14						0.87	1.18
15							1.10
16							0.89
平均	0.59	0.71	0.80	0.88	0.95	1.02	1.09

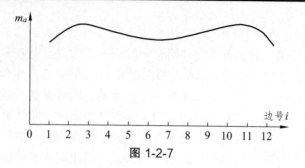

图 1-2-7

3. 附合导线平差后中点的纵向中误差

$i+1$ 点纵向的中误差为：

$$t_{i+1} = m_s \sqrt{i - \frac{i^2}{n}} \qquad (1\text{-}2\text{-}30)$$

对于导线的中点，距端点有 $\frac{n}{2}$ 条边，所以 $i = \frac{n}{2}$ 代入上式得

$$t_{i+1} = m_s \sqrt{\frac{n}{2} - \frac{\left(\frac{n}{2}\right)^2}{n}} = \frac{1}{2} m_s \sqrt{n} \qquad (1\text{-}2\text{-}31)$$

以上是测距的偶然误差产生的纵向中误差。此外，中点的纵向误差还受测距系统误差的影响。对于严格直伸的附合导线来说，平差后可以完全消除这种系统性的影响。然而，实际上不可能布设完全直伸的导线，现假定由此而产生的纵向误差为 $\frac{1}{2}\lambda L$，于是考虑测距的偶然误差和系统误差之后，可以写出导线中点因测量误差而产生的纵向中误差为：

$$t_{C,Z} = \sqrt{\frac{1}{4} n m_s^2 + \frac{1}{4} \lambda^2 L^2} = \frac{1}{2} \sqrt{n m_s^2 + \lambda^2 L^2} \qquad (1\text{-}2\text{-}32)$$

4. 附合导线平差后中点的横向中误差

对于图 1-2-8 的导线，只有方位角误差对横坐标有影响。对第 $i+1$ 点（距起点有 i 条边），则点位横向中误差为：

$$u_{i+1} = \frac{s m_\beta}{\rho} \sqrt{\frac{i(i+1)(2i+1)}{6} - \frac{i^2(i+1)^2}{4(n+1)} - \frac{i^2(i+1)^2(3n-2i+2)^2}{12n(n+1)(n+2)}} \qquad (1\text{-}2\text{-}33)$$

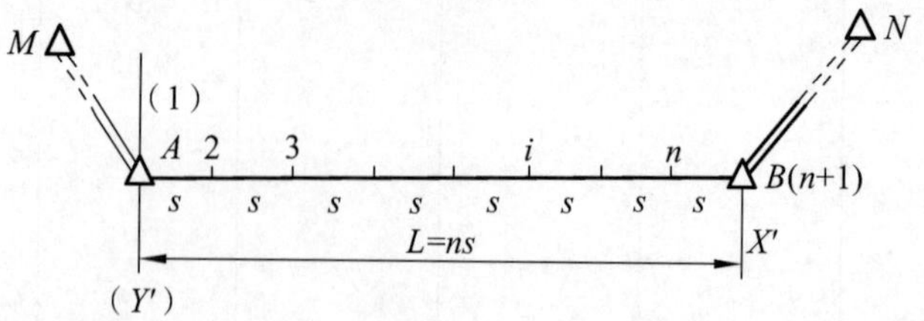

图 1-2-8

对于导线中点，将 $i = \dfrac{n}{2}$ 代入式（1-2-33）得出

$$u_{C,Z} = \frac{sm_\beta}{\rho} \sqrt{\frac{n(n+2)(n^2+2n+4)}{192(n+1)}} \qquad (1\text{-}2\text{-}34)$$

因导线全长为 $ns = L$，所以式（1-2-34）还可写成

$$u_{C,Z} = \frac{m_\beta}{\rho} L \sqrt{\frac{(n+2)(n^2+2n+4)}{192n(n+1)}} \qquad (1\text{-}2\text{-}35)$$

以上有关导线边方位角和点位精度的公式都是就等边直伸的条件下导出的，然而实际上一条导线并不完全满足这两个条件。所以，在这种情况下应用这些公式都是近似的，它们只能作为精度分析时的参考。

5. 起始数据误差对附合导线平差后中点点位的影响

起始数据误差对平差后的附合导线中点的纵、横误差也有影响，AB 边长的误差对端点纵向中误差的影响为 m_{AB}，则它对导线中点纵向误差产生的影响为：

$$t_{Q,Z} = \frac{1}{2} m_{AB} \qquad (1\text{-}2\text{-}36)$$

至于起始方位角误差对中点产生的横向误差可以这样来理解：当从导线一端推算中点坐标时，产生的横向误差为 $\dfrac{L}{2} \cdot \dfrac{m_\alpha}{\rho}$；而中点点位的平差值可以看作是从两端分别推算再取平均的结果。因而起始方位角误差对导线中点引起的横向误差为：

$$u_{Q,Z} = \frac{m_\alpha}{\rho} \cdot \frac{L}{2\sqrt{2}} \qquad (1\text{-}2\text{-}37)$$

附合导线平差后中点的点位中误差应为：

$$M_Z = \sqrt{t_{C,Z}^2 + u_{C,Z}^2 + t_{Q,Z}^2 + u_{Q,Z}^2} \qquad (1\text{-}2\text{-}38)$$

6. 附合导线端点纵横向中误差与中点纵横向中误差的比例关系

根据以上有关附合导线点位中误差的公式即可导出平差前端点点位中误差与平差后中点点位中误差的比例关系。根据这种关系，即可通过控制端点点位中误差（即导线闭合差的中误差）来控制导线中点（最弱点）的点位中误差，使其能满足规定的精度要求。各种测量规范中有关导线测量的主要技术要求，都是以这一关系作为重要依据的。下面来解决这个问题。

首先将 $u_{C,D}$ 与 $u_{C,Z}$ 进行比较。由式（1-2-25）和式（1-2-35）可知：

$$\frac{u_{C,D}}{u_{C,Z}} = \sqrt{4^2 \frac{n^2+2n+1}{n^2+2n+4}} \approx 4 \qquad (1\text{-}2\text{-}39)$$

同样，将式（1-2-24）、（1-2-25）、（1-2-26）、（1-2-27）与式（1-2-32）、（1-2-34）、（1-2-36）、

（1-2-37）进行比较也可得出相应量之间的比例关系。现根据这些关系以及式（1-2-39）可写出下列各式：

$$\left. \begin{array}{l} t_{C,D} = 2t_{C,Z} \\ u_{C,D} = 4u_{C,Z} \\ t_{Q,D} = 2t_{Q,Z} \\ u_{Q,D} = 4u_{Q,Z} \end{array} \right\} \tag{1-2-40}$$

1.2.5.2　关于直伸导线的特点

由测量学中的有关知识和以上的分析可知，直伸导线的主要优点是：① 导线的纵向误差完全是由测距误差产生的；而横向误差完全是由测角误差产生的。因此在直伸导线平差时，纵向闭合差只分配在导线的边长改正数中，而横向闭合差则只分配在角度改正数中；即使测角和测距的权定得不太正确，也不会影响导线闭合差的合理分配。但对于曲折导线，情况就不是这样，它要求测角和测边的权定得比较正确才行，然而实际上这是难以做到的。② 直伸导线形状简单，便于理论研究。本节中导出的有关点位精度关系的一些公式，都是针对等边直伸导线而言的，如果不是直伸导线，上述公式都只能是近似的。

直伸导线也有不足之处。模拟计算表明：直伸导线的点位精度并不是最高的，有关方面提出，精度较高的导线是一种转折角为 90° 和 270° 交替出现的状如锯齿形的导线。有关规范上之所以要求布设直伸导线，主要是考虑它所具有的上述优点，然而实用上很难布成完全直伸的导线。于是有关规范只能规定一个限度，在此容许范围内的导线可以认为是直伸的。

1.2.5.3　导线网的精度估算

以等级导线作为测区的基本控制时，经常需要布设成具有多个节点和多个闭合环的导线网，尤其在城市和工程建设地区更是如此，在设计这种导线网时，需要估算网中两节点和最弱点位精度，以便对设计的方案进行修改。至于估算的方法，在过去采用的"等权代替法"是一种近似的方法，而且有一定的局限性。但是由此法导出的一些结论仍可作为导线网设计的参考。如今在实际上采用的主要是电算的方法。

下面介绍等权代替法。

测量学中已经导出计算支导线终点点位误差的公式

$$M = \pm \sqrt{nm_s^2 + \lambda^2 L^2 + \frac{m_\beta^2}{\rho^2} L^2 \frac{n+1.5}{3}} \tag{1-2-41}$$

式（1-2-41）略去了起始数据误差的影响，其中 $n = \dfrac{L}{s}$。由此式可见若不考虑起始数据误差，则在一定测量精度和边长的情况下，支导线终点点位误差与导线全长有关。这种关系如用图解表示可以看得更清楚。以城市四等电磁波测距导线为例。设导线测量的精度为 $m_s = 12\ \text{mm} + 5 \times 10^{-6} D$，$\lambda = 2 \times 10^{-6}$，$m_\beta = \pm 2.5''$，导线边长 s 分别为 500、1 000、1 500 和 2 000 m，导线总长为 1 ~ 10 km，代入式（1-2-41）计算支导线终点点位误差 M。将所得结果以 L 为横坐标，以 M 为纵坐标作图，如图 1-2-19 所示。由图可知，这些曲线都近似于直线，因此，在一定的测量精度与平均边长情况下，导线终点点位误差 M 大致与导线长度 L_0 成正比。设以长度为 L_0 的导线终点点位误差 M_0 作为单位权中误差，则长度为 L_i 的导线终点点位的权 P_i 及其中误差 M_i 可按近似公式（1-2-42）计算：

$$M_i = M_0 \frac{L_i}{L_0} = M_0 L_i' = M_0 \sqrt{\frac{1}{P_i}} \qquad (1\text{-}2\text{-}42)$$

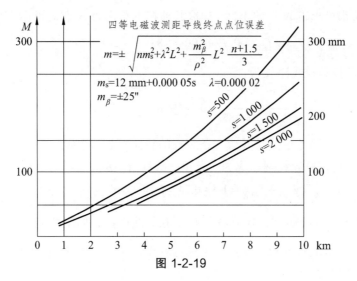

四等电磁波测距导线终点点位误差

$$m = \pm \sqrt{nm_s^2 + \lambda^2 L^2 + \frac{m_\beta^2}{\rho^2} L^2 \frac{n+1.5}{3}}$$

$m_s = 12 \text{ mm} + 0.000\ 05s$ $\quad \lambda = 0.000\ 02$
$m_\beta = \pm 25''$

图 1-2-19

式中， $L_i' = \dfrac{L_i}{L_0}$ 。

所以 $L_i' = \sqrt{\dfrac{1}{P_i}}$ 或 $P_i = \dfrac{1}{L_i'^2}$

式中 L_i' ——导线长 L_i 以 L_0 为单位时的长度。

由上式可知，如果已知线路的权 P_i ，则可求出相应的单一线路长度 L_i' ；反之如果已知线路长度 L_i' ，则可求出相应的权 P_i 。现以图 1-2-10 所示的一级导线网为例，说明如何运用以上公式估算网中节点和最弱点的点位精度。图 1-2-10 中 A ， B ， C 为已知点， N 为节点。各线路长度如图所示。试估计节点 N 和最弱点的点位中误差（不顾及起始数据误差影响）。

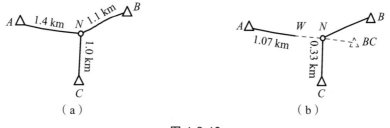

图 1-2-10

为了估计导线网中任意点的点位中误差，需设法将网化成单一导线，然后按加权平均的原理计算待估点的权，再设法求出单位权中误差，最后即可求出待估点的中误差。

设以 1 km 长的一级导线的端点点位中误差为单位权中误差，则图 1-2-10 中各段线路的

等权线路 L' 即为已知的线路长，所以：

$$L'_{AN} = 1.4, \quad L'_{BN} = 1.1, \quad L'_{CN} = 1.0$$

相应的权为：

$$P_{AN} = \frac{1}{L'^2_{AN}} = 0.51, \quad P_{BN} = \frac{1}{L'^2_{BN}} = 0.83, \quad P_{CN} = \frac{1}{L'^2_{CN}} = 1.00$$

从线路 BN 和 CN 都可求得 N 点的坐标，如取其加权平均作为 N 点的坐标，则此坐标的权为：

$$P_{BCN} = P_{BN} + P_{CN} = 0.83 + 1.00 = 1.83$$

这个权值相应的虚拟等权线路长为：

$$L'_{BCN} = \sqrt{\frac{1}{P_{BCN}}} = \sqrt{\frac{1}{1.83}} = 0.74 \ (\text{km})$$

这就相当于把 BN, CN 两条线路合并成一条等权的线路，其长度为 $L'_{BCN} = 0.74 \ \text{km}$，如图 1-2-10（b）中虚线所示。现在原导线网已成为一条单一导线 $A - BC$，其等权线路长为：

$$L'_{A-BC} = L'_{AN} + L'_{BCN} = 1.4 + 0.74 = 2.14 \ (\text{km})$$

对于 $A—BC$ 这条单一导线而言，其最弱点 W 应在导线中点，即距两端为 $\dfrac{L'_{A-BC}}{2} = 1.07 \ \text{km}$ 处。

　　现在来求 N 点和 W 点的权。N 点的坐标可看作是从 AN 和 BCN 两条线路推算结果的加权平均，则 N 点的权为：

$$P_N = P_{AN} + P_{BCN} = \frac{1}{L'^2_{AN}} + \frac{1}{L'^2_{BCN}} = \frac{1}{1.4^2} + \frac{1}{0.74^2} = 2.34$$

W 是导线的中点，其权应为线路 AW 的权的 2 倍，即：

$$P_W = 2 \cdot \frac{1}{L'^2_{AW}} = 2 \times \frac{1}{1.07^2} = 1.75$$

　　再来计算单位权中误差即长为 1 km 的一级导线端点的点位中误差。设导线的平均 $s = 200 \ \text{m}$，测距精度为 $M_s = \pm 12 \ \text{mm}$，$\lambda = 2/1\,000\,000$，$m_\beta = \pm 5''$，$n = \dfrac{1\,000}{200} = 5$；代入（1-2-41）式得：

$$M_{1\text{km}} = \sqrt{5 \times 12^2 + 2^2 + \left(\frac{5}{\rho} \times 10^6\right)^2 \times \frac{5 + 1.5}{3}} = \pm 40 \ (\text{mm})$$

于是节点 N 和最弱点 W 的点位中误差为：

$$M_N = M_{1\text{km}} \sqrt{\frac{1}{P_N}} = 40 \times \sqrt{\frac{1}{2.34}} = \pm 26 \ (\text{mm})$$

$$M_W = M_{1\text{km}} \sqrt{\frac{1}{P_W}} = 40 \times \sqrt{\frac{1}{1.75}} = \pm 30 \ (\text{mm})$$

　　用同样的方法可以估算多节点的导线网的精度。但是这种方法不能解决全部导线网的精度估算问题，例如带有闭合环的导线网等图形。对于其中几类特殊的网形，有人提出过其他的一些估算方法，然而要估算任意导线网的精度，如今只能用电子计算机进行。

对于某些典型的导线网，人们已用上述等权代替法以及其他的一些方法进行了研究，其结论可作为设计导线网时的参考。

图 1-2-11 是若干种典型导线网图形，这些图形都可以转化为单一的等权线路。我们设想附合在两个高级控制点之间的单一等边直伸导线的容许长度为 1.00L，如图 1-2-11（a）所示，则规定其他图形的最弱点点位误差与上述导线最弱点点位误差相等（亦即规定二者等权）的条件下，按等权代替法，算得各图形中高级点之间的容许长度及导线节的容许长度，它们的容许值分别在图中标出，网的最弱点位置以黑点标志。在进行导线网的初步设计时，若某一级单导线的规定容许长度为 L，则同等级导线网中导线节的长度可由图 1-2-11 中所示的比例关系来规定。按这种方式设计导线网，其最弱点点位误差将等于图 1-2-11（a）中单导线的最弱点点位中误差。只要这一误差满足设计要求，则全部导线网的点位误差也必满足要求。

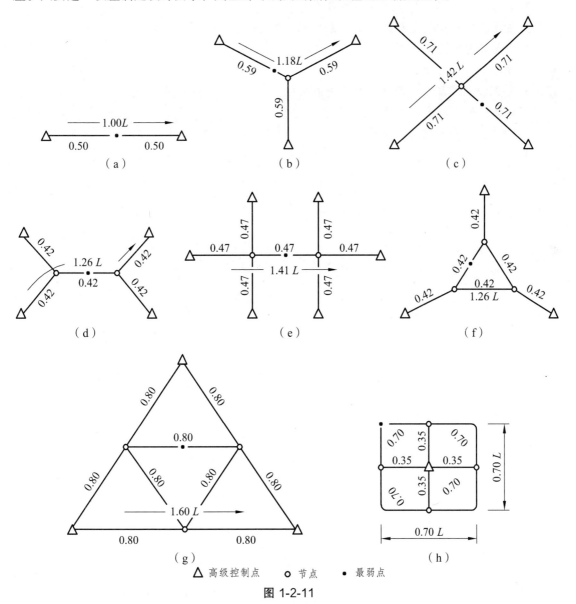

图 1-2-11

1.2.6　相关规范、规程与标准

GB 50026—2007《工程测量规范》，中华人民共和国国家标准。

思考题与习题

1. 技术设计的意义何在？它的基本原则有哪些？

2. 技术设计书的编写内容包括哪些？

3 导线有哪几种布设形式？各适用于什么情况？导线选点应注意哪些问题？

4 导线测量包括哪些内容？

5. 简述控制测量的工作流程。

6. 导线测量角度时，测站上有两个方向的，应按左、右角观测，多于两个方向的，则仍按方向观测法观测，这是为什么？

7. 导线左角和右角分别取中数后，应满足什么限差条件？

8. 全站仪在作业前，需要做哪些常规检验？应如何检验？

任务 1.3　坐标间的转换与换带计算

1.3.1　学习目标

1. 知识目标

（1）掌握控制测量中各种坐标系及其转换关系。

（2）掌握地面观测元素归算至高斯平面的计算方法。

（3）掌握高斯投影换带计算的方法。

（4）掌握工程独立坐标系坐标计算的方法。

2. 能力目标

（1）方法能力：

① 具备制订、实施工作计划的能力；

② 具备综合分析判断能力；

③ 具备能正确应用行业技术规范的能力。

（2）专业能力：

① 能利用科傻软件进行控制测量坐标间的转换；

② 能将测区地面观测元素化至高斯平面；

③ 能利用软件进行高斯投影换带计算；

④ 能进行工程独立坐标系坐标的计算。

（3）社会能力：

① 具备能迁移和应用知识的能力以及善于创新和总结经验的能力；

② 具备较快适应环境的能力；

③ 具备团队协作的能力；

④ 具备诚实守信和爱岗敬业的职业道德。

1.3.2　工作任务

根据控制测量坐标转换与换带计算方面的知识，利用科傻软件对所提供的数据进行坐标间的转换与换带计算工作。

1.3.3　相关配套知识

地面和空间点位的确定总是要参照于某一给定的坐标系。坐标系是人为设计和确定的，根据不同的使用目的，所采用的坐标系也各不相同。控制测量中采用的坐标系有天文坐标系、大地坐标系、空间大地直角坐标系和高斯平面直角坐标系。

1.3.3.1　不同坐标系统及其间的转换

1. 坐标系统

1）天文坐标系

天文坐标系是建立在天球上的同地球的形状和大小无关的坐标系。它是建立在大地水准面的基础上的，在研究大地水准面形状中起着非常重要的作用。

在图 1-3-1 中，O 为地球质心，ON 为地球自转轴，A 为地面上任意一点，AA' 为 A 点的铅垂线方向。G 点为英国格林尼治平均天文台位置。其中包括以下基本概念：

天文子午面：包括 A 点垂线方向并与地球自转轴 ON 平行的平面。

起始子午面：过 G 点包括 ON 的平面。

地球赤道面：过地球质心并与 ON 正交的平面。

天文经度（λ）：A 点的天文子午面与起始子午面的夹角。

天文纬度（φ）：A 点的垂线方向与赤道面的交角。

正高（$H_正$）：地面点沿铅垂线方向到大地水准面的距离。

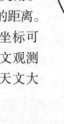

因此，在该坐标系中，地面上某一点的天文坐标可以表示为：φ、λ、$H_正$。它的天文经纬度是通过天文观测的方法获得的。天文坐标系常用于导弹的发射、天文大地网或独立工程控制同起始点的定向。

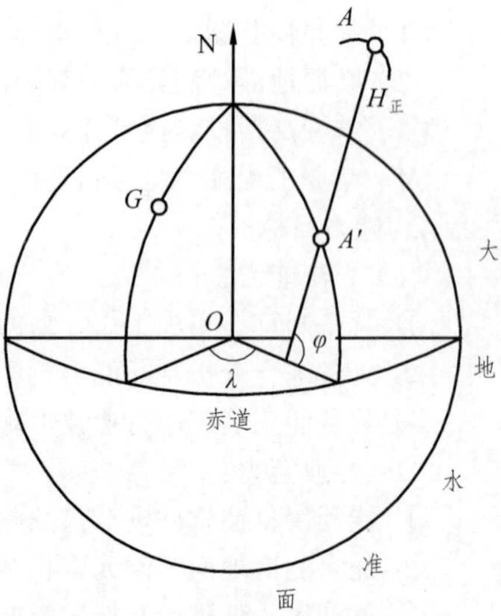

图 1-3-1

2）大地坐标系

大地坐标系是建立在参考椭球体上的坐标系。不同国家和地区所采用的参考椭球体不完全相同。它在测量计算中具有重要的意义。

在图 1-3-2 中，O 是椭球中心，A 点为地面上任意一点，NS 为椭球的旋转轴，N 为北极，S 为南极。其中包括的基本概念：

法线：过 A 点向椭球面作垂线，交椭球面于 E，交椭球短轴于 F，AEF 称作过 A 点的法线。

子午面：包括点 A 的法线和椭球短轴的面。

子午线：子午面与椭球面的交线。

赤道面：过椭球中心且垂直于椭球短轴的面。

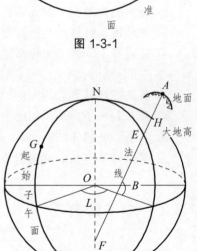

图 1-3-2　大地坐标系

大地经度（L）：过 A 点的椭球子午面与格林尼治起始子午面之间的夹角。由格林尼治起始子午面起算，向东为正，向西为负，取值 $0 \sim 180°$。

大地纬度（B）：过 A 点的椭球面法线与椭球赤道的夹角。由赤道起算，向北为正，向南为负，取值 $0 \sim 90°$。

大地高（H）：由 A 点沿椭球面法线至椭球面的距离。

在大地坐标系中，地面某点的大地坐标可表示为：B、L、$H_{大地高}$。大地坐标系是数学上严密规范的坐标系。

3）空间大地直角坐标系

空间大地直角坐标系可以是地心坐标系，也可以是参心坐标系。在地心坐标系中，坐标原点（平均地球椭球的中心）和地球质心是重合的；在参心坐标系中，坐标原点（参考椭球的中心）与地球质心偏离较大。现以地心坐标系做以说明：

空间直角坐标系的 Z 轴与地球自转轴重合，指向地球北极，X 轴与地球赤道面和格林尼治平均子午面的交线重合，Y 轴与 XOZ 平面正交，指向东方，三轴构成右手坐标系。地面一点 P 的空间大地直角坐标可表示为：X、Y、Z。

4）高斯平面直角坐标系

为了建立各种比例尺地形图测图控制和工程测量控制，通常需要将椭球面上各点的大地坐标，按照一定的数学规律投影到平面上，并以相应的平面直角坐标表示。按照高斯投影的含义，高斯平面直角坐标系是以每个投影带的中央子午线投影为 X 轴，以赤道的投影为 Y 轴，两轴的交点为坐标原点 O 所构成的坐标系。

2. 坐标系间的关系及转换

1）天文坐标系与大地坐标系的关系

（1）大地经纬度 L、B 与天文经纬度 λ、φ 间的关系及垂线偏差。

大家知道，野外测量是以测站点的铅垂线作为基准线，而测量计算则以椭球面上相应点的法线作为基准线的。铅垂线方向实际就是重力方向，由于地壳内部的质量分布不均匀，引起了重力方向不规则的变化。所以，在地面上，各点的铅垂线同法线存在着偏差，而且偏差的大小和方向随点位不同出现不规则的变化。在地面一点上，铅垂线方向和相应的椭球面法线方向之间的夹角，称为该点的垂线偏差。地面一点的天文经纬度 λ、φ 是在该点上进行天文观测而独立获得的，其依据是铅垂线，各点坐标成果之间是互不相干的；而该点的大地经纬度 L、B 是通过建立大地控制网，由大地原点推算得来的，其依据是椭球面的法线，各点坐标成果之间具有紧密联系。因此，天文坐标与大地坐标是有偏差的，偏差大小在角秒的数量级。两者的关系式为：

$$\left.\begin{array}{l} B = \varphi - \varepsilon \\ L = \lambda - \eta \sec\varphi \end{array}\right\} \tag{1-3-1}$$

式中　ε——垂线偏差在南北方向的分量，即子午圈分量；

　　　η——垂线偏差在东西方向的分量，即卯酉圈分量。

（2）大地高与正常高、正高的关系及高程异常。

大地高的起算面为参考椭球面，正高的起算面为大地水准面，由于正高无法精确求的，所以采用在数值上和正高很接近的正常高系统。正常高的起算面为似大地水准面。大地高与正常高的关系式为：

$$H_{大地高} = H_{正常高} + \zeta \qquad\qquad (1\text{-}3\text{-}2)$$

式中　ζ——高程异常。

2）大地坐标系和空间直角坐标系的关系及转换

（1）不同点：前者是经典大地测量的一种通用坐标系；而后者是卫星大地测量中一种常用的基本坐标系。

（2）坐标转换：

$$B, L, H \rightarrow X, Y, Z$$

$$\left. \begin{aligned} X &= N \cos B \cos L \\ Y &= N \cos B \sin L \\ Z &= N(1 - e^2) \sin B \end{aligned} \right\} \qquad\qquad (1\text{-}3\text{-}3)$$

$$X, Y, Z \rightarrow B, L, H$$

$$\left. \begin{aligned} L &= \arctan \frac{Y}{X} \\ B &= \arctan \frac{Z + Ne^2 \sin B}{\sqrt{X^2 + Y^2}} \\ H &= \frac{\sqrt{X^2 + Y^2}}{\cos B} - N \end{aligned} \right\} \qquad\qquad (1\text{-}3\text{-}4)$$

上两式中的 $N = \dfrac{a}{\sqrt{1 - e^2 \sin^2 B}}$ 为卯酉圈的曲率半径，e^2 为椭球第一偏心率平方。

3）不同的空间大地直角坐标系的转换

利用 GPS 定位所获得的点位属于空间大地直角坐标系。但是由于各国所采用的参考椭球及其定位不同，参考椭球中心也不和地球质心重合，所以世界上存在着各不相同的空间直角坐标系的转换。这在 GPS 数据处理中应用广泛。

在三维空间坐标系中，新、旧两坐标系的变换需要在 3 个坐标平面上，分别通过 3 次转轴才能完成，若再考虑到两坐标系的原点和尺度比例不一致时，则可得到两坐标的转换关系式为：

$$\left. \begin{aligned} X_{新} &= X_0 + (1 + \kappa) X_{旧} + \varepsilon_Z Y_{旧} - \varepsilon_Y Z_{旧} \\ Y_{新} &= Y_0 + (1 + \kappa) Y_{旧} + \varepsilon_Z X_{旧} - \varepsilon_X Z_{旧} \\ Z_{新} &= Z_0 + (1 + \kappa) Z_{旧} + \varepsilon_Y X_{旧} - \varepsilon_X Y_{旧} \end{aligned} \right\} \qquad\qquad (1\text{-}3\text{-}5)$$

式（1-3-5）中，有 7 个参数：3 个平移参数 X_0、Y_0、Z_0，3 个旋转参数 ε_X、ε_Y、ε_Z，1 个尺度变化参数 κ。习惯上称这种转换方法为七参数法。

4）大地坐标系与高斯平面直角坐标系的转换

（1）由大地坐标计算平面直角坐标：

$$
\left.\begin{array}{l}
x = X + \dfrac{l^2}{2} N \sin B \cos B + \dfrac{l^4}{24} N \sin B \cos^3 B(5 - t^2 + 9\eta^2 + 4\eta^4) + \\[2mm]
\quad \dfrac{l^6}{720} N \sin B \cos^3 B(61 - 58t^2 + t^4) \\[2mm]
y = lN \cos B + \dfrac{l^3}{6} N \cos^3 B(1 - t^2 + \eta^2) + \\[2mm]
\quad \dfrac{l^5}{120} N \cos^5 B(5 - 18t^2 + t^4 + 14\eta^2 - 58\eta^2 t^2)
\end{array}\right\}
\tag{1-3-6}
$$

式中　B——该点大地纬度；

　　　X——由赤道至纬度 B 的子午线弧长；

　　　l——该点与中央子午线的经差，可由已知的经度 L 根据公式 $l = (L - L_0)/\rho$ 计算得到。

　　　　　若点在中央子午线以东，则 l 为正；以西为负。

（2）由平面直角坐标计算大地坐标：

$$
\left.\begin{array}{l}
B = B_{\mathrm{f}} - \dfrac{y^2}{2M_{\mathrm{f}} N_{\mathrm{f}}} t_{\mathrm{f}} + \dfrac{y^4}{24 M_{\mathrm{f}} N_{\mathrm{f}}^3} t_{\mathrm{f}}(5 + 3t_{\mathrm{f}}^2 + \eta_{\mathrm{f}}^2 - 9\eta_{\mathrm{f}}^2 t_{\mathrm{f}}^2) - \\[2mm]
\quad \dfrac{y^6}{720 M_{\mathrm{f}} N_{\mathrm{f}}^5} t_{\mathrm{f}}(61 + 90t_{\mathrm{f}}^2 + 45t_{\mathrm{f}}^4) \\[2mm]
l = \dfrac{y}{N_{\mathrm{f}} \cos B_{\mathrm{f}}} - \dfrac{y^3}{6 N_{\mathrm{f}}^3 \cos B_{\mathrm{f}}}(1 + 2t_{\mathrm{f}}^2 + \eta_{\mathrm{f}}^2) + \\[2mm]
\quad \dfrac{y^5}{120 N_{\mathrm{f}}^3 \cos B_{\mathrm{f}}}(5 + 28t_{\mathrm{f}}^2 + 24t_{\mathrm{f}}^4 + 6\eta_{\mathrm{f}}^2 + 8\eta_{\mathrm{f}}^2 t_{\mathrm{f}}^2)
\end{array}\right\}
\tag{1-3-7}
$$

式（1-3-7）中凡脚注有"f"的，表明这些函数符号都是以垂足纬度 B_{f} 代入求得的。

3. 利用科傻软件进行坐标系间的转换

科傻（COSA）是由武汉大学自主开发的软件，它具有在世界空间直角坐标系（WGS-84）进行三维向量网平差（无约束平差和约束平差）、在椭球面上进行卫星网与地面网三维平差、在高斯平面坐标系进行二维联合平差、针对工程独立网的固定一点一方向的平差、高程拟合等功能，并且带有常用的工程测量计算工具，可以实现各种坐标转换（三维空间直角坐标与大地坐标间的转换，大地经纬度与高斯平面坐标间的转换，二维直角坐标间的转换，三维直角坐标间的转换坐标换带及高程面的转换计算）。利用科傻软件进行坐标间的转换过程如下：

1) 空间直角坐标转换为大地坐标

输入文件：*.XYZ

输出文件：*.BLH

（1）打开科傻软件；

（2）转换前，选择"文件"菜单的"新建"项，编辑生成输入文件*.XYZ，其格式为：

　　　　　　点名　　X　　Y　　Z

也可采用任何其他文本编辑器生成该文件。各项以空格分隔，X、Y、Z 以 m 为单位，参见图 1-3-3。

1.XYZ

CPI1003	-2235714.3384	4583893.6967	3817435.2874

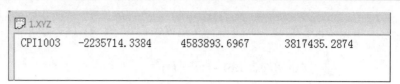

图 1-3-3　数据录入

（3）设置坐标系参数：椭球长轴，椭球扁率分母，参见图 1-3-4。

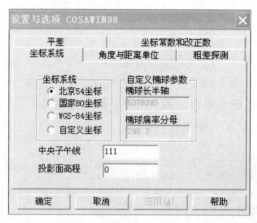

图 1-3-4

（4）在“坐标转换”菜单下选“*XYZ ->BLH*”子项进行转换，此时屏幕出现打开文件窗口，选取输入文件（*.*XYZ*）。

（5）转换结果将保存到*.*BLH* 文件中，若已存在同名点文件，则在其尾部追加数据，同时屏幕显示输入文件（*.*XYZ*）和输出文件（*.*BLH*）的窗口。

（6）结果文件格式为：

点名　*B*　*L*　*H*

经纬度 *B*、*L* 以°　′　″为单位，大地高 *H* 以 m 为单位，参见图 1-3-5。

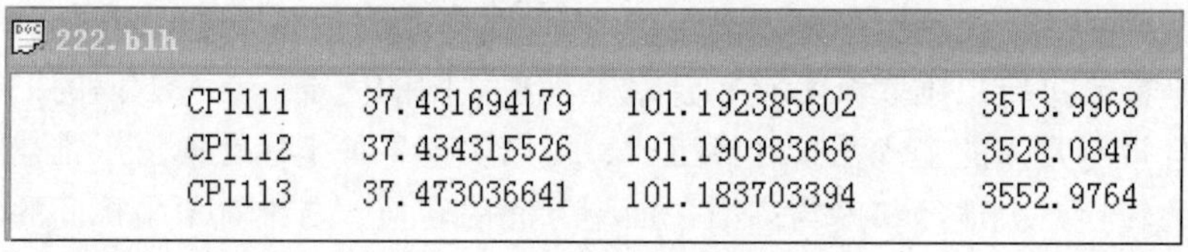

222.blh

CPI111	37.431694179	101.192385602	3513.9968
CPI112	37.434315526	101.190983666	3528.0847
CPI113	37.473036641	101.183703394	3552.9764

图 1-3-5

（7）若想查看其他文件，可选取“文件”菜单的“打开”项，在屏幕出现“打开文件”窗口后点取打算查看的文件名，该文件的内容将出现在屏幕窗口上。

2）大地坐标转换为空间直角坐标

输入文件：*.BLH

输出文件：*.XYZ

（1）转换前，选择“文件”菜单的“新建”项，编辑生成输入文件*.*BLH*，其格式为：

点名　*B*　*L*　*H*

各项以空格分隔，经纬度 B、L 以° ′ ″为单位，大地高 H 以 m 为单位。

（2）设置坐标系参数：椭球长轴，椭球扁率分母。

（3）执行程序进行转换，若已存在同名点文件，则在其尾部追加数据。

（4）结果文件格式为：

　　　　　　　点名　　X　　Y　　Z

3）大地坐标转换为高斯坐标

输入文件：*.BL

输出文件：*.XY

（1）转换前，选择"文件"菜单的"新建"项，编辑生成输入文件*.XY，其格式为：

　　　　　　　点名　　X　　Y

各项以空格分隔，X、Y 以 m 为单位。若 X、Y 含有固定的加常数，则需在"参数设置"项输入 X 加常数和 Y 加常数。

（2）设置坐标系参数：椭球长轴、椭球扁率分母，中央子午线。

（3）在"坐标转换"菜单下选"BL->XY"项进行转换，此时屏幕出现打开文件窗口，选取输入文件（*.BL）。

（4）转换结果将保存到*.XY 文件中，若已存在同名点文件，则在其尾部追加数据，同时屏幕显示输入文件（*.BL）和输出文件（*.XY）的窗口。

（5）结果文件格式为：

　　　　　　　点名　　X　　Y

各项以空格分隔，经纬度 B、L 以°′″为单位。

4）高斯坐标转换为大地坐标（方法同上）

计算示例。已知数据：

高斯坐标 X：3439796.2163　　Y：505444.8286

坐标系统：北京 54 坐标系　　　投影带：3 度带

中央子午线：117

将已知数据输入到相应的窗口中，然后点击"计算"键即可。

计算结果：B：31.0444421　　L：117.0325407

5）不同空间直角坐标的转换（三维）

输入文件：*.XYZXYZ

输出文件：*.XYZXYZ_0

（1）编辑生成输入文件（*.XYZXYZ），格式为：

$$\text{公共点}\begin{cases}\text{点名}\quad X_\text{旧}\quad Y_\text{旧}\quad Z_\text{旧}\quad X_\text{新}\quad Y_\text{新}\quad Z_\text{新}\\ \cdots\\ \cdots\end{cases}$$

$$\text{非公共点}\begin{cases}\text{点名}\quad X_\text{旧}\quad Y_\text{旧}\quad Z_\text{旧}\\ \cdots\\ \cdots\end{cases}$$

（2）选取"坐标转换"菜单下选"*XYZ->XYZ*"子项进行转换，此时屏幕出现打开文件窗口，选取输入文件（*.*XYZXYZ*）。

（3）转换结果保存到文件*.*XYZXYZ*_0 中。

1.3.3.2　我国的坐标系统

我国目前采用的坐标系统是：1954 北京坐标系和 1980 西安大地坐标系。除此之外，新建的还有 2000 国家大地坐标系，现正逐步进入使用阶段。

1. 1954 北京坐标系

20 世纪 50 年代，在我国天文大地网建立初期，为了加快经济建设和国防建设，迅速发展我国的测绘科学，全面开展测图工作，迫切需要建立一个参心大地坐标系。

鉴于当时的历史条件，首先将我国东北地区的一等锁与苏联远东地区的一等锁相连接，然后以连接处的呼玛、吉拉林、东宁基线网扩大边端点的苏联 1942 年普尔科沃坐标系坐标为起算数据，平差我国东北及东部地区的一等锁，这样传算来的坐标，定名为 1954 年北京坐标系。由此可见，1954 年北京坐标系可以认为是苏联 1942 年普尔科沃坐标系的延伸。1954 年北京坐标系的基准有：

（1）采用了苏联的克拉索夫斯基椭球参数：长半轴 $a = 6\,378\,245$ m，扁率 $f = 1/298.3$。

（2）原点位于苏联的普尔科沃。

（3）属于参心大地坐标系。

（4）多点定位。

（5）高程异常是以苏联 1955 年大地水准面重新平差结果为起算值，按我国天文水准路线推算出来的。

（6）坐标系统的大地点坐标是经过局部平差得到的。

1954 年北京坐标系在我国近 50 年的测绘生产中发挥了巨大的作用。基于该系统测制完成了全国 1∶50 000、1∶100 000 比例尺地形图，1∶10 000 比例尺地形图也在相当范围内完成。因此，以它为基础的测绘成果和文档资料，已经渗透到经济建设和国防建设的各个领域。但其还存在一些缺陷：椭球参数不精确；椭球定位不明确，定位有较大倾斜，东部地区高程异常最大达到 ±65 m，全国范围平均达 29 m；所有大地控制点的坐标值不能连成统一整体，区与区的接合部存在较大隙距，误差较大。

2. 1980 西安坐标系

为了弥补 1954 年北京坐标系的不足，在全国天文大地网平差前，必须考虑建立一个更合适的新的坐标系。为此，1978 年我国决定对全国天文大地网施行整体平差，建立了 1980 年国家大地坐标系。其建立的基准是：

（1）采用 1975 年国际大地测量协会第 16 届大会推荐椭球参数：长半轴 $a = 6\,378\,140$ m；扁率 $f = 1/298.257$；地球引力场二阶带球谐系数 $J_2 = 1\,082.63 \times 10^{-6}$；地球总质量和引力常数的乘积 $GM = 3.986\,005 \times 10^{14}$ m^3/s^2；地球自转角速度 $\omega = 7.292\,115 \times 10^{-5}$ rad/s。

（2）大地原点位于我国中部地区，即陕西省泾阳县永乐镇，在西安以北 60 km，简称西安大地原点。

（3）属参心大地坐标系。

（4）多点定位。

（5）椭球定向明确。椭球短轴平行于由地球质心指向我国确定的地级原点 JYD1968.0 方向；起始大地子午面平行于我国起始天文子午面；椭球面与似大地水准面在我国地域最为密合。

（6）坐标系统大地点坐标是经过整体平差得到的。

1980 年西安大地坐标系完全符合建立经典的参心大地坐标系的原理。参考椭球个数合理、数值准确，椭球面与大地水准面获得较好吻合，全国范围的平均差值由原来 1954 年坐标系的 29 m 减小至 10 m，全国多数地区在 15 m 以内。

3. 2000 国家大地坐标系

2008 年 3 月，由国土资源部正式上报国务院《关于我国采用 2000 国家大地坐标系的请示》，并于 2008 年 4 月获得国务院批准。自 2008 年 7 月 1 日起，我国将全面启用 2000 国家大地坐标系，国家测绘局受权组织实施。

2000 国家大地坐标系是全球地心坐标系在我国的具体体现，其定义包括坐标系的原点、三个坐标轴的指向、尺度以及地球椭球的 4 个基本参数的定义。2000 国家大地坐标系的原点为包括海洋和大气的整个地球的质量中心；2000 国家大地坐标系的 Z 轴由原点指向历元 2000.0 的地球参考极的方向，该历元的指向由国际时间局给定的历元为 1984.0 的初始指向推算，定向的时间演化保证相对于地壳不产生残余的全球旋转，X 轴由原点指向格林尼治参考子午线与地球赤道面（历元 2000.0）的交点，Y 轴与 Z 轴、X 轴构成右手正交坐标系。采用广义相对论意义下的尺度。2000 国家大地坐标系采用的地球椭球参数的数值为：

长半轴：$a = 6\ 378\ 137$ m；

扁率：$f = 1/298.257\ 222\ 101$；

地心引力常数：$GM = 3.986\ 004\ 418 \times 10^{14}$ m^3/s^2；

地球自转角速度：$\omega = 7.292\ 115 \times 10^{-5}$ rad/s。

2000 国家大地坐标系与现行的国家大地坐标系转换、衔接的过渡期为 8～10 年。现有各类测绘成果，在过渡期内可沿用现行国家大地坐标系；2008 年 7 月 1 日后新生产的各类测绘成果应采用 2000 国家大地坐标系。现有地理信息系统，在过渡期内应逐步转换到 2000 国家大地坐标系；2008 年 7 月 1 日后新建设的地理信息系统应采用 2000 国家大地坐标系。

1.3.3.3　地面观测元素归算至高斯平面

参考椭球面是测量计算的基准面。在野外的各种测量都是在地面上进行，观测的基准线不是各点相应的椭球面的法线，而是各点的垂线，各点的垂线与法线存在着垂线偏差。因此不能直接在地面上处理观测成果，而应将地面观测元素（包括方向和距离等）归算至椭球面。在归算中有两条基本要求：① 以椭球面的法线为基准；② 将地面观测元素化为椭球面上大地线的相应元素。

椭球面上的大地坐标系是大地测量的基本坐标系，它对于研究地球形状大小、大地问题计算、编制地图等都很有用。但是另一方面，在椭球面上进行测量计算仍然相当复杂，人们总是期望将椭球面上的测量元素归算到平面上，以便在平面上进行计算。同时，地图也是平面的，为了控制地形测图所建立的控制点，也必须具有平面坐标。因此，为了简化测量计算和控制地形测图，就必须利用投影的方法，来解决椭球面至平面的转化问题。

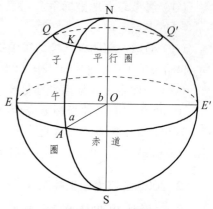

图 1-3-6　地球椭球

1. 椭球的相关知识

1）椭球参数

地球的形状最接近于一个旋转椭圆体，它是一个椭圆绕短轴旋转而成的几何形体，我们称它为地球椭球。它的形状和大小是由椭球的参数所确定的。由图 1-3-6 可知椭球的参数包括：

（1）长半轴 a 和短半轴 b。

（2）扁率 α

$$\alpha = \frac{a-b}{a} \tag{1-3-8}$$

（3）第一偏心率 e 和第二偏心率 e'

$$e = \frac{\sqrt{a^2-b^2}}{a}, \quad e' = \frac{\sqrt{a^2-b^2}}{b} \tag{1-3-9}$$

常用椭球参数值如表 1-3-1 所示。

表 1-3-1　常用椭球参数值

参数	1954 坐标系（克拉索夫斯基椭球）	1980 坐标系（采用 1975 国际椭球参数）
a	6 378 245（m）	6 378 140（m）
b	6 356 863.018 77（m）	6 356 755.288 16（m）
α	0.003 352 329 869 259	0.003 352 813 178
e^2	0.006 693 421 622 965 949	0.006 694 384 999 587 952
e'^2	0.006 738 525 414 683 97	0.006 739 501 819 472 927

控制测量计算中还常采用的符号有：

$$\left.\begin{array}{l} C = \dfrac{a^2}{b^2} \\[2mm] W = \sqrt{1 - e^2 \sin^2 B} \\[2mm] V = \sqrt{1 + e'^2 \cos^2 B} \\[2mm] \eta^2 = e'^2 \cos^2 B \end{array}\right\} \tag{1-3-10}$$

2）椭球面上的曲率半径

为在椭球面上进行控制测量计算，须了解椭球面上有关曲线的性质。过椭球面上任意一点可作一条垂直于椭球面的法线，包含这条法线的平面叫作法截面；法截面与椭球面的交线叫法截弧（线）。包含椭球面一点的法线可作无数个法截面，相应有无数个法截弧。椭球面上法截线的曲率半径不同于球面上的法截线（大圆弧）曲率半径（都等于圆球的半径），而是不同方向的法截弧的曲率半径都不相同。为此先研究子午线及卯酉线的曲率半径。

（1）子午线曲率半径。

过子午线上一点的法线与该点上的椭球面法线相重合，因此，子午线也是法截线，它是方位角为 0° 的法截线。其计算公式为：

$$M = \frac{C}{V^3} \tag{1-3-11}$$

（2）卯酉线曲率半径。

过椭球面上一点作与该点的子午线切线相正交的法截面，它与椭球面的交线即为卯酉线，它是方位角为 90° 的法截线。其计算公式为：

$$N = \frac{a}{W} \tag{1-3-12}$$

曲率半径 N、M 随纬度的变化规律如表 1-3-2 所示。

表 1-3-2 曲率半径 N、M 随纬度的变化规律

纬度 B	N	M	说　明
$B = 0°$	$N = a$	$M = a(1 - e^2)$	在赤道上，N 为最小，取赤道半径 a；M 小于赤道半径 a
$0° < B < 90°$	$a < N < C$	$a(1 - e^2) < N < C$	N、M 随纬度增大而增大
$B = 90°$	$N = C$	$M = C$	在极点上，N、M 都为最大，均为极点曲率半径 C

（3）任意方向的法截线曲率半径。

若法截线的方位角为 A，则其曲率半径为：

$$R_A = \frac{N}{1 + e'^2 \cos^2 B \cos^2 A} \tag{1-3-13}$$

（4）平均曲率半径。

平均曲率半径就是一点上所有方向的法截线的曲率半径的平均值。其计算公式为：

$$R = \sqrt{MN} \quad (M < R < N) \tag{1-3-14}$$

3）椭球面上的弧长

（1）子午线弧长。

子午线就是一个椭圆，子午线上两点间的弧长计算公式复杂。对于较短的子午线弧长，其近似公式为：

$$S = M(B_2 - B_1)'' / \rho'' \tag{1-3-15}$$

（2）平行圈弧长。

旋转椭球体的平行圈是一个圆，同一纬线上两点间的弧长可由下式计算：

$$S = N \cos B(L_2 - L_1)'' / \rho'' \tag{1-3-16}$$

我国 1980 坐标系部分弧长值如表 1-3-3 所示。

表 1-3-3　我国 1980 坐标系部分弧长值

$B/(°)$	子午线弧长/m			平行圈弧长/m		
	$\Delta B = 1°$	$1'$	$1''$	$\Delta L = 1°$	$1'$	$1''$
25°	110 770	1 846.22	30.770	100 950	1 682.50	28.042
30°	110 849	1 847.54	30.792	96 486	1 608.11	26.802
35°	110 937	1 849.01	30.817	91 288	1 521.47	25.358
40°	111 128	1 852.20	30.843	85 394	1 423.23	23.721

从上表中可以看出，单位纬差的子午线弧长随纬度的升高而缓慢的增长，单位经差的纬线弧长随纬度的升高而急剧缩短。我国中部地区经差 1° 的纬线长约 90 km，$1'$ 约为 1.5 km，$1''$ 约为 25 m。这些数值概念对粗略的估计两地的经纬差或距离会起到重要的作用。

2. 地面观测元素归算至椭球面

1）地面观测方向归算至椭球面

水平方向归算至参考椭球面，要经过三项改正：垂线偏差改正、标高差改正和截面差改正。习惯上称这三项改正为三差改正。

（1）垂线偏差改正。

地面上所有水平方向的观测都是以垂线为根据的，而在椭球面上则要求以该点的法线为依据。因此在每三角点上，把以垂线为依据的地面观测的水平方向值归算到以法线为依据的方向值而应加的改正定义为垂线偏差改正。

如图 1-3-7 所示，以测站点 A 为中心作单位半径的辅助球，u 是垂线偏差，它在子午圈和卯酉圈上的分量，分别以 ε，η 表示。

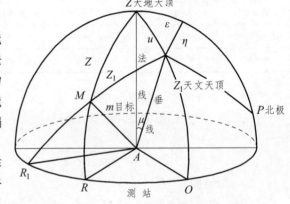

图 1-3-7　垂线偏差改正

M 是地面观测目标 m 在球面上的投影，如果 M 在 ZZ_1O 垂直面内，无论观测方向以法线为准或以垂线为准，照准面都是一个，而无需作垂线偏差改正。因此，可将 AO 方向作为参考方向。如果 M 不在 ZZ_1O 垂直面内，情况就不同了。若以垂线 AZ_1 为准，照准 m 点得 OR_1；若以法线 AZ 为准，则得 OR。可见，垂线偏差为水平方向的影响是（$R - R_1$）。垂线偏差改正的计算公式为：

$$\delta = -(\varepsilon \sin A - \eta \cos A) \tan \alpha \qquad (1\text{-}3\text{-}17)$$

式中　A、α——观测方向的大地方位角和垂直角。

（2）标高差改正。

标高差改正又称由照准点高度引起的改正，如图 1-3-8 所示。我们知道，不在同一子午面或不在同一平行圈上的两点的法线是不共面的。因此，当进行水平方向观测时，如果照准点高出椭球面某一高度，则在 A 点照准 B 点得出的法截线为 Ab'。然而，B 点沿法线至椭球面的投影点为 b，观测方向归算至椭球面上应该是 Ab 方向。这样，将 Ab' 方向换算为 Ab 方向所加入的改正称为标高差改正。计算公式为：

$$\delta_h = \frac{\rho'' e^2}{2M_2} H_2 \cos^2 B_2 \sin 2A_1 \qquad (1\text{-}3\text{-}18)$$

式中　B_2——照准点的大地纬度；

　　　A_1——测站点至照准点的大地方位角；

　　　H_2——照准点高出椭球面的高程；

　　　M_2——照准点的子午圈曲率半径。

（3）截面差改正。

椭球面上，纬度不同的两点由于其法线不共面，所以在对向观测时相对法截线不重合，如图 1-3-9 中的 AaB 和 BbA 这两个法截线。对于这一点，微分几何中采用两点间的大地线代替相对法截线，它位于两个相对法截线之间。这样将法截线方向化为大地线方向应加的改正叫截面差改正。这里提到的大地线是这样定义的：它是椭球面上两点间的最短程曲线。截面差计算公式：

$$\Delta\delta = -\frac{\rho'' e^2}{12N_1} S^2 \cos^2 B_1 \sin 2A_1 \qquad (1\text{-}3\text{-}19)$$

式中　B_1、N_1——分别为测站点的大地纬度和卯酉圈的曲率半径；

　　　S——A、B 间的大地线长。

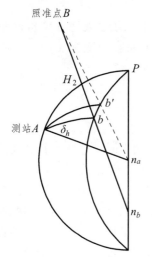

图 1-3-8　标高差改正

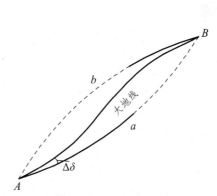

图 1-3-9　截面差改正

根据三差改正各自的数值大小及各等级水平控制要求的精度不同，需要加的改正项目也不同。在一般情况下，一等三角测量应加三差改正；高山地区二、三等三角网的水平角观测，如果垂线偏差和垂直角较大，则应进行垂线偏差的改正；三等和四等三角测量可不加三差改正，但当 ε、$\eta > 10''$ 或 $H > 2\,000$ m 时，则应分别考虑加垂线偏差改正和标高差改正。即对特殊情况应依测区实际情况具体分析，然后再确定是否加入三差改正。经过三差改正后，最后得到椭球面上相应的各大地线的方向值。

2）地面观测边长归算至椭球面

实测的电磁波测距边在经过仪器的加常数、乘常数改正、大气改正等改正后，所得到的是由仪器中心至反光棱镜中心间的倾斜距离 D。为了将 D 归算到椭球面上的法截线弧长 S，从图 1-3-10 中可得出计算公式如下：

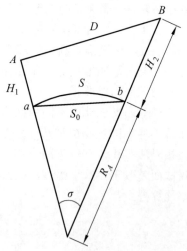

$$S = s - s\left(\frac{H_{\mathrm{m}}}{R_A} - \frac{H_{\mathrm{m}}^2}{R_A^2}\right) + \frac{s^3}{24R_A^2} \qquad （1\text{-}3\text{-}20）$$

式中　　H_{m}——直线两端点的平均高程；

　　　　R_A——法截弧曲率半径。

右端第一项实际是测距仪与反射镜平均高程面上的水平距离，$s = \sqrt{D^2 - (H_2 - H_1)^2}$；

第二项是水平距离换算成椭球面上相应弦长 S_0 的改正数；

第三项是弦长换算成椭球面上弧长的改正数。因为法截弧和大地线长相差很小，所以把 S 也看作椭球面上的大地线长度。

图 1-3-10　地面斜距归算至椭球面

3. 椭球面元素归算至高斯平面

1）地图投影

地图投影就是将椭球面上的大地坐标、大地线的方向和长度、大地方位角按照一定的数学法则划算到平面上。大地坐标（B，L）和投影后的平面直角坐标（x，y）数学关系式为：

$$\left.\begin{array}{l} x = F_1(B,L) \\ y = F_2(B,L) \end{array}\right\} \qquad （1\text{-}3\text{-}21）$$

当我们按照一定的条件把椭球面上的元素投影到投影平面上时，这些元素之间的相互关系不可能保持完全不变，就会产生投影变形。一般地图投影所产生的投影变形分为：角度变形、长度变形和面积变形 3 种。对于每种变形，都可以采用相应的方法来掌控，使变形减小到一定程度，但不能使全部变形变为零。为了使得一定范围内的地图上的图形同椭球面上的原形保持相似，就要使这种投影中的角度不产生变形，其他变形仍然存在，把这种投影称为正形投影。地图投影有很多种，比较适合于控制测量的就是正形投影，而高斯投影就是正形投影的一种，它也正是我们一直以来研究和采用的（关于高斯投影的基本概念在测量基本知识中已讲过，这里不再赘述）。

2）高斯投影的特点

（1）中央子午线投影后为直线且长度不变。

（2）除中央子午线外，其余子午线的投影均为凹向中央子午线的曲线，并以中央子午线为对称轴。投影后有长度变形。

（3）赤道线投影后为直线，但有长度变形。

（4）除赤道外的其余纬线，投影后为凸向赤道的曲线，并以赤道为对称轴。

（5）经线与纬线投影后仍然保持正交。

（6）所有长度变形的线段，其长度变形比均大于 1。

（7）离中央子午线越远，长度变形越大。

3）高斯投影坐标正反算

（1）由（B，L）计算（x，y）（正算）。

计算公式为：

$$\left.\begin{aligned}
x &= X + \frac{l^2}{2}N\sin B\cos B + \frac{l^4}{24}N\sin B\cos^3 B(5-t^2+9\eta^2+4\eta^4) + \\
&\quad \frac{l^6}{720}N\sin B\cos^3 B(61-58t^2+t^4) \\
y &= lN\cos B + \frac{l^3}{6}N\cos^3 B(1-t^2+\eta^2) + \\
&\quad \frac{l^5}{120}N\cos^5 B(5-18t^2+t^4+14\eta^2-58\eta^2 t^2)
\end{aligned}\right\}$$

（1-3-22）

式中　B——所求点的大地纬度；

　　　X——由赤道至纬度 B 的子午线弧长；

　　　l——所求点与中央子午线的经差，可由 L 根据式 $l=(L-L_0)/\rho$（L_0 为所求点所在的投影带的中央子午线的经度）算出。所求点在中央子午线以东 l 为正，以西则为负。

（2）由（x，y）计算（B，L）（反算）。

计算时，先求出 B 和 l，然后计算 $L=L_0+l$。计算公式为：

$$\left.\begin{aligned}
B &= B_f - \frac{y^2}{2M_f N_f}t_f + \frac{y^4}{24M_f N_f^3}t_f(5+3t_f^2+\eta_f^2-9\eta_f^2 t_f^2) - \\
&\quad \frac{y^6}{720M_f N_f^5}t_f(61+90t_f^2+45t_f^4) \\
l &= \frac{y}{N_f\cos B_f} - \frac{y^3}{6N_f^3\cos B_f}(1+2t_f^2+\eta_f^2) + \\
&\quad \frac{y^5}{120N_f^5\cos B_f}(5+28t_f^2+24t_f^4+6\eta_f^2+8\eta_f^2 t_f^2)
\end{aligned}\right\}$$

（1-3-23）

式中　B_f——垂足纬度，它可由子午线弧长公式 $x=S=M(B_2-B_1)''/\rho''$ 反算求得；凡脚注有 "f" 的，都是 B_f 的函数。从而根据上式就可求得（B，L）。

4）高斯投影的改化

（1）距离改化。

椭球面上的两点 P_1、P_2 间的大地线长度 S 归算到高斯平面上相应两投影 P_1'，P_2' 间的直线长度 D 所需加的改正称为距离改化 ΔS。

如图 1-3-11 所示，若以 s 作为与椭球面上的大地线长 S 相对应的高斯平面上的投影曲线长度，根据高斯投影的特性，有 $S<s>D$。距离改化的计算公式如下：

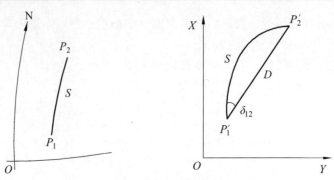

图 1-3-11　大地线投影和距离改化

$$\Delta S = S\left(\frac{y_m^2}{2R_m^2} + \frac{\Delta y^2}{24R_m^2} + \frac{y_m^4}{24R_m^4}\right) \tag{1-3-24}$$

式中　y_m——距离边两端点横坐标的平均值；

　　　Δy——距离边两端点横坐标的差值；

　　　R_m——测区平均曲率半径。

对于东西边缘离中央子午线一般不超过 45 km 的工程控制网而言，此距离改化公式可只取上面公式的第一项。

（2）方向改化。

椭球面上的大地线投影到高斯平面上均为曲线（除中央子午线和赤道外），但在高斯平面上进行坐标及有关计算均是以两点间直线为准。因此，投影曲线方向要改化为相应的弦线方向需加方向改化。可见，方向改化就是曲线方向与弦线方向之间的夹角。

如图 1-3-12 所示，以 P_1P_2 表示大地线，$P_1'P_2'$ 表示投影曲线，δ_{12} 和 δ_{21} 分别为 P_1' 和 P_2' 两点上的方向改化。方向改化的计算公式为：

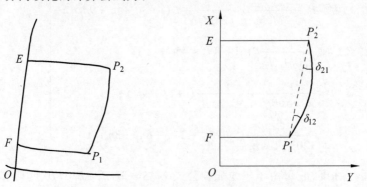

图 1-3-12　方向改化

$$\left.\begin{aligned}\delta_{12} &= \frac{y_m}{2R_m^2}(x_1 - x_2)\\[2mm]\delta_{21} &= \frac{y_m}{2R_m^2}(x_2 - x_1)\end{aligned}\right\} \tag{1-3-25}$$

上式通常适用于国家三、四等控制网以及工程控制网的方向改化计算，精确至 0.1″。适合于国家二等控制网的方向改化公式为：

$$\delta_{ik} = \frac{1}{6R_{\mathrm{m}}^2}(x_i - x_k)(2y_i + y_k) \tag{1-3-26}$$

（3）大地方位角到坐标方位角的改化。

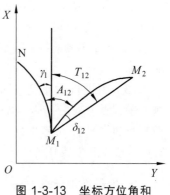

在椭球面上，一条边的方位采用大地方位角 A_{12} 表示，即过测站的子午线与该边大地线的夹角；而在高斯平面上，方位角 T 为坐标北方向与该边直线的夹角。如图 1-3-13 所示，曲线 M_1N 为过 M_1 点的子午线，为 M_1 点的真北方向。曲线 M_1M_2 为两点间大地线的投影。由等角投影可知，图中这两曲线间的夹角即为大地方位角 A。这样就可由大地方位角推出坐标方位角，关系式为：

图 1-3-13 坐标方位角和大地方位角的关系

$$T_{12} = A_{12} - \gamma_1 + \delta_{12} \tag{1-3-27}$$

式中 γ_1——子午线收敛角，可查表求得。

在实际计算中，两控制点间的坐标方位角通常可利用这两点的纵横坐标利用坐标反算求得：

$$\tan T_{12} = \frac{Y_2 - Y_1}{X_2 - X_1} \tag{1-3-28}$$

因工程控制网的中央子午线时常不采用 3°带中央子午线，此时为获得起始坐标方位角则可利用上式。通常都是以起始点到另一控制点的方向为起始方向，若他们都是已知的国家控制点，就可利用其间的大地方位角 A_{12} 并按所选择的中央子午线的位置所确定的子午线收敛角 γ 及方向改化角 δ_{12} 来获得起始的坐标方位角。

《工程测量规范》规定，当测区需要进行高斯投影时，四等及以上等级的方向观测值应加入方向改化。

1.3.3.4 高斯投影换带计算

为了限制高斯投影长度变形，将椭球面按一定经度的子午线划分成不同的投影带，或者为了抵偿长度变形，选择某一经度的子午线作为测区的中央子午线。由于中央子午线的经度不同，使得椭球面上统一的大地坐标系，变成了各自独立的平面直角坐标系。在我们实际测量中经常需要将一个投影带的坐标系中的坐标换算到另一个投影带中去。

1. 几种坐标换算计算情况

（1）如图 1-3-14 所示，A、B、1、2、3、4、C、D 为位于两个相邻带边缘地区并跨越两个投影带（东带和西带）的控制网。假设起算点 A、B 及 C、D 的起算坐标是按两带分别给出的话，那么为了能在同一个带进行平差计算，则需要将西带的 A、B 点的起始坐标换算到东带，或者把东带的 C、D 点坐标换算到西带。

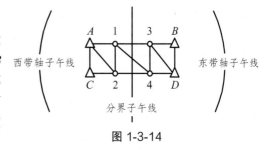

图 1-3-14

（2）在分界子午线附近地区测图时，常常需要用到另一带的高级控制点，这就需要将这些点的坐标换算到同一带中去；如图 1-3-15 所示，为了实现两相邻带地形图的拼接和使用，位于 45′ 重叠区域的控制点就必须具有相邻两个带的坐标。

（3）当进行大比例尺测图时，特别是在工程测量中，要求采用 3°带、1.5°带或任意带，而国家控制点通常只有 6°带坐标，这时就产生了 6°带和 3°带（或 1.5°带或任意带）之间的相互转换问题。

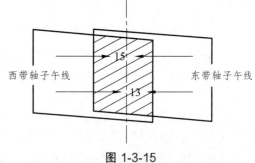

西带轴子午线　东带轴子午线

图 1-3-15

2. 投影换带计算方法

目前，投影换带计算主要采用高斯投影坐标正、反算的方法来进行。具体的步骤为：

（1）利用高斯投影坐标反算公式，将某投影带的已知平面坐标（$x_{旧}$，$y_{旧}$）换算成大地坐标（B，$l_{旧}$）。

（2）计算该点所在大地坐标的经度 $L = L_{0旧} + l_{旧}$。

（3）根据纬度 B 和所选定的中央子午线的经差（$l_{新} = L - L_{0新}$），按高斯投影坐标正算公式求得其在选定的投影带内的平面坐标（$x_{新}$，$y_{新}$）。

【例】 已知某点 P 在新 54 坐标系 6°带的平面坐标为：

$$x = 3\ 589\ 644.287,\ y = 20\ 679\ 136.439$$

求 P 点在 3°带的平面直角坐标。

解：（1）从题目可知，该点位于第 20 带，横坐标的自然值为 179 136.439

（2）$L_{0旧} = 6° \times 20 - 3° = 117°$

（3）利用高斯反算得到，$B = 32°24'57.652''$，$L = 118°54'15.221''$

（4）由上面计算的经度可知，P 点位于 3°的第 40 带，中央子午线经度 $L_{0新} = 120°$

（5）$l_{新} = L - L_{0新} = -1°05'44.779''$

（6）利用高斯正算，由（B，$l_{新}$）求的新坐标为：

$$x_{新} = 3\ 588\ 576.591$$

$$y_{新} = -103\ 077.126 + 500\ 000 = 396\ 922.874$$

3. 利用科傻软件进行换带计算

【例】 已知某点的在参数信息与坐标如表 1-3-4 所示，现要求将该坐标换算成表 1-3-5 参数下的坐标。

表 1-3-4　换带前的坐标

采用 WGS-84 参考椭球，中央子午线经度104°，投影大地高 2 000 m		
点　号	设计坐标	
	X（北坐标）/m	Y（东坐标）/m
CP Ⅱ 776	2 837 577.098 3	487 420.020 3

表 1-3-5　换带后的坐标

点　号	设 计 坐 标	
	X（北坐标）/m	Y（东坐标）/m
CP Ⅱ 776		

采用 WGS-84 参考椭球，中央子午线经度 104°15′，投影大地高 2 000 m

具体计算步骤如下：

（1）打开 CosaGPS 软件，选择"文件"中的"新建工程"选项，弹出窗口如图 1-3-16 所示，在其中设置"工程名"为 111；选择文件存放的路径，比如选择桌面；坐标系统选择 WGS84；设置完毕后，按"确定"。

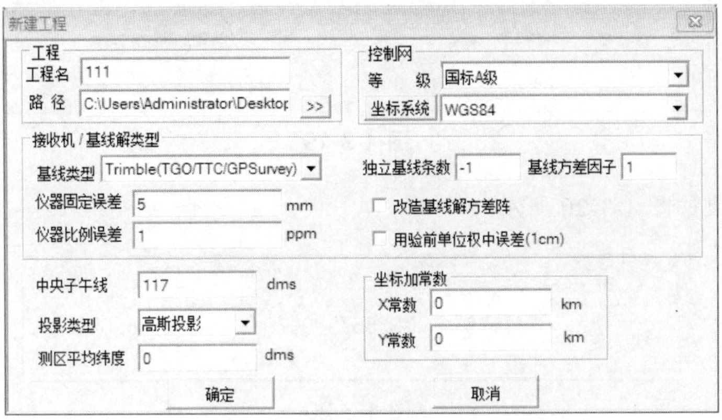

图 1-3-16

（2）选择文件中的"新建"，在打开的窗口中输入需要进行换带计算的点的坐标，保存时将文件的后缀名设置为".XY"，如图 1-3-17 所示。

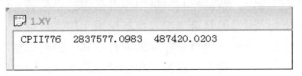

CPII776　2837577.0983　487420.0203

图 1-3-17

（3）打开"坐标转换"菜单中的"坐标换带与高程面转换计算"选项，弹出如图 1-3-18 所示的窗口，在其中输入参数，输完后确定。

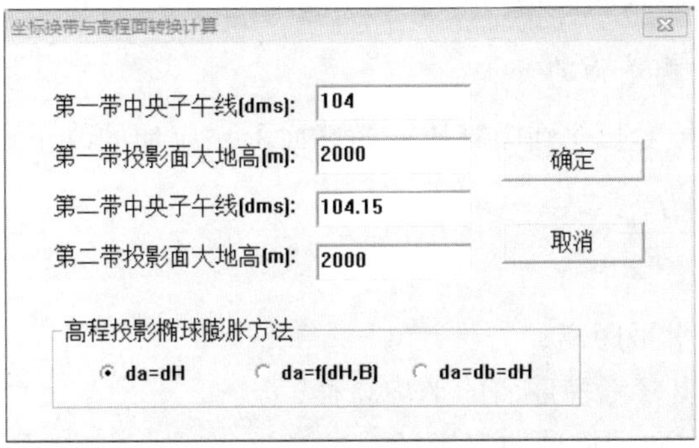

图 1-3-18

（4）在"输入二维直角坐标文件"中选择新建的文件"1.XY"，如图 1-3-19 所示。

图 1-3-19

（5）转换结果如图 1-3-20 所示。

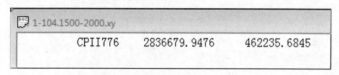

图 1-3-20

1.3.3.5　工程独立坐标系坐标的计算

根据国家的相关规范规定，精密控制测量中经常采用的坐标系为国家统一坐标系统，即高斯投影 6°带或 3°带坐标系统。但是对于工程控制网采用国家统一坐标系经常会引起控制网中的各边的真实长度发生变形，使得坐标反算的长度和实测的长度不相符，差值较大，这对于大比例尺地形图测绘、城市建设及各种工程建设施工放样是很不利的。为了有效减少高程改化与投影变形所产生的影响，就需要分析讨论控制测量中的长度变形情况以及如何建立抵偿长度变形的独立坐标系。

1. 控制测量中的投影长度变形

1）实测距离归化到椭球面的变形

将实地测量的真实长度归化到国家统一椭球面上，应加的改正数计算公式为：

$$\Delta s = -\frac{H_{\mathrm{m}}}{R_A} s \tag{1-3-29}$$

式中　s——实地测量的水平距离；

H_{m}——归算边高出参考椭球面的平均高程；

R_A——长度所在方向的椭球曲率半径。

2）椭球面长度归化到高斯平面的变形

将椭球面上的长度归化到高斯平面上时，应加的改正数计算公式为：

$$\Delta S = +\frac{y_m^2}{2R^2}S \qquad (1\text{-}3\text{-}30)$$

式中　y_m——该长度的两端点横坐标的平均值；

　　　R——测区中点的平均曲率半径；

　　　S——椭球面上的距离。

3）长度的综合变形

地面上的一段距离，经过以上两种投影变形，得到其综合长度变形量可近似为：

$$\delta = \left(\frac{y_m^2}{2R^2} - \frac{H_m}{R}\right)S \qquad (1\text{-}3\text{-}31)$$

式（1-3-31）表明，采用国家统一坐标系统所产生的长度综合变形，与测区所处投影带内的位置和测区平均高程有关。《工程测量规范》规定，平面控制网的坐标系统应该保证长度综合变形不超过 2.5 cm/km 这一原则。

2. 独立坐标系的建立

当投影长度综合变形超过 2.5 cm/km 时，就需要选择其他的投影带或投影面，这样所建立的坐标就称为独立坐标系。下面主要介绍几种独立坐标系的建立方案：

1）以抵偿高程面（见图 1-3-21）作为投影面，按高斯投影 3°带的平面直角坐标

根据式（1-3-31）可知，归化到椭球面上的距离总是减小的，而归算到高斯平面上的距离总是增大的。所以这两个投影长度变形就具有抵偿的性质。如果适当选择椭球的半径，使得距离归算到椭球面上减小的值正好等于由椭球面上的距离归算到高斯平面上所增加的值，这样，高斯平面上的距离就等于实际测量的距离了。我们把这个适当半径的椭球面就成为抵偿高程面。因此，就有以下关系：

$$\frac{y_m^2}{2R^2}S = \frac{H_m}{R_A}s \qquad (1\text{-}3\text{-}32)$$

为了计算方便，使 $S \approx s$，并取 $R_A = R = 6\,371\,\text{km}$，则可得到平均高程面与抵偿面间的高差为：

$$\Delta H = \frac{y_m^2}{2 \times 6\,371\,000} \ (\text{m}) \qquad (1\text{-}3\text{-}33)$$

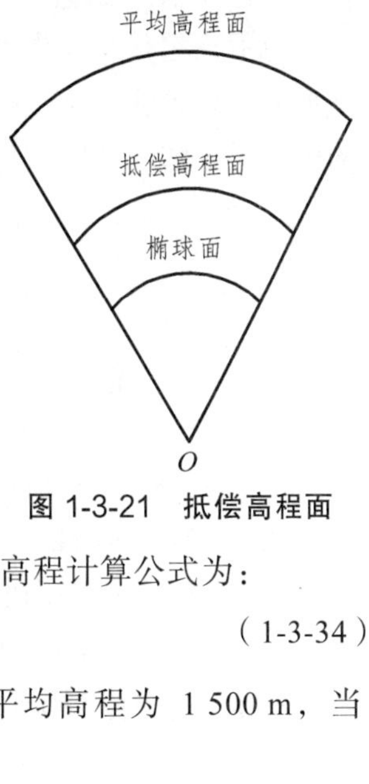

图 1-3-21　抵偿高程面

所以在保持高斯投影 3°带中央子午线不变的条件下，抵偿高程面的高程计算公式为：

$$H_{抵} = H_{平} - \Delta H \qquad (1\text{-}3\text{-}34)$$

例如，某测区高斯投影 3°带最边缘坐标 $y = 100\ \text{km}$，测区平均高程为 1 500 m，当 $s = 1\,000\ \text{m}$ 时，则有

$$\Delta s = -\frac{H_\mathrm{m}}{R_\mathrm{A}} s = -0.235 \ \text{(m)}$$

$$\Delta S = +\frac{y_\mathrm{m}^2}{2R^2} s = 0.123 \ \text{(m)}$$

使得　　　　　　　　　　$\Delta s + \Delta S = -0.11 \ \text{(m)}$

超过综合投影长度变形的允许值。现选择一个合适的抵偿高程参考面，使长度变形 δ 为 0。这样可以得到

$$\Delta H \approx 785 \ \text{(m)}$$

则抵偿高程面的高程为：

$$H_抵 = H_平 - \Delta H = 715 \ \text{(m)}$$

也就是说，将地面实测距离归算到此高程参考面上就可以使两项长度改正得到补偿。

抵偿面确定之后，就可以选择其中一个国家大地点作为原点，保持它在 3°带的国家统一坐标值 (x_0, y_0) 不变，将其他控制点坐标 (x, y) 换算到抵偿高程面相应的坐标中去。具体换算公式为：

$$\left. \begin{aligned} x_抵 &= x + (x - x_0)\frac{H_抵}{R} \\ y_抵 &= y + (y - y_0)\frac{H_抵}{R} \end{aligned} \right\} \tag{1-3-35}$$

这种方法具有换算简便、概念直观等优点，而且变换后坐标系的新坐标与原国家统一坐标系的坐标十分接近，有利于测区内外之间的联系。

2）选择任意投影带的高斯正形投影的平面直角坐标

这种方案的基本思路就是：地面观测值仍然归算到参考椭球面，但高斯投影的中央子午线不是标准的 3°带中央子午线，而是按照测区的情况选择一条中央子午线，这样，可以抵偿长度综合变形的影响。

为了确定任意投影带的中央子午线的位置，需要引入经度差 l，再利用高斯投影坐标正算近似计算公式：$y = N\cos B l'' / \rho''$，将其代入公式 $H_\mathrm{m} = y_\mathrm{m}^2 /(2R)$ 中，可以得到经差和任意带的中央子午线经度的计算公式为：

$$\left. \begin{aligned} l'' &= \frac{\rho''\sqrt{2RH_\mathrm{m}}}{N\cos B} \\ L_0 &= L - l \end{aligned} \right\} \tag{1-3-36}$$

式中　　B、L——测区中心位置的经度和纬度；

　　　　H——测区的平均高程；

　　　　N——椭球在纬度 B 处的卯酉圈曲率半径。

例如，某测区相对于参考椭球面的高程 $H_\mathrm{m} = 300$ m，测区中心的纬度和经度分别为 $B = 25°$ 和 $L = 118°$，卯酉圈曲率半径 $N = 6\ 381\ 956$ m，这样根据公式上面可计算得到：

$$L_0 = 117°23'$$

也就是说，为了使两项长度改正得到补偿，可以选择经度为 117°23′的子午线作为该测区的中央子午线。

3）既改变投影面又改变投影带的平面直角坐标

这种坐标系是以测区中心的子午线为中央子午线，以测区的平均高程面为投影面，按高斯正形投影计算平面直角坐标。

3. 科傻软件的操作流程

与换带计算方法相同（此处略）。

1.3.4 相关案例

【案例1】   投影变形

某单位承揽了衡水市控制网的改造项目，坐标系初步定为以 $L_0 = 116°$ 为中央子午线的任意带高斯正形投影，投影面为参考椭球面，已知测区在该坐标系中的范围为：A（4 212 000，465 000）；B（4 212 000，475 000）；C（4 202 000，465 000）；D（4 202 000，475 000）。大地水准面差距为 45 m，测区内最大高程为 40 m，最小高程为 20 m，试计算测区范围内在该坐标系中的最大及最小变形？判断是否满足规范要求？

解： 长度投影综合变形公式为：$\dfrac{\delta}{S} = \dfrac{y_{\mathrm{m}}^2}{2R^2} - \dfrac{H}{R}$

在测区范围内若取得最大变形，要求 y_{m} 取最大值，H_{m} 取最小值，则有：

$$\frac{\delta}{S} = \frac{475\,000^2}{2 \times 6\,371\,000^2} - \frac{20}{6\,371\,000} \approx \frac{1}{357} > \frac{1}{40\,000}$$

在测区范围内若取得最小变形，要求 y_{m} 取最小值，H_{m} 取最大值，则有：

$$\frac{\delta}{S} = \frac{465\,000^2}{2 \times 6\,371\,000^2} - \frac{20}{6\,371\,000} \approx \frac{1}{370} > \frac{1}{40\,000}$$

由此可见，长度变形不能满足规范要求。

【案例2】   换带计算

在中央子午线 $L_0^{\mathrm{I}} = 123°$ 的 Ⅰ 带中，有某一点的平面直角坐标 $x_1 = 5\,728\,374.726$ m，$y_1 = +210\,198.193$ m 现要求计算该点在中央子午线在 $L_0^{\mathrm{II}} = 129°$ 的第 Ⅱ 带的平面直角坐标。

解：（1）根据 x_1，y_1 利用高斯反算公式计算得到 B_1，L_1，即

$$B_1 = 51°38'43.902\,4'', \quad L_1 = 126°02'13.136\,2''$$

（2）利用求得的 B_1，L_1 和已知 $L_0^{\mathrm{II}} = 129°$，求得 $l = -2°57'46.864''$

（3）再利用高斯正算得到该点在第 Ⅱ 带的平面直角坐标。

【案例3】   独立控制网建立

1. 工程概况

××长大隧道为东西走向，穿越碌毒崖、涝崮顶等悬崖陡坡及山间河谷区，隧道起讫里程为 DK1076+119～DK1083+970，全长 7 851 m。测区平均高程为 332.1 m，进、出口线路

设计标高分别为 312.205 m、351.968 m，洞身最大埋深约 234 m，最小埋深约 27 m，隧道内为单面坡，隧道进口段 377.54 m 位于 $r = 4\,000$ m 的曲线上，隧道出口段 1 086.24 m 位于 $r = 3\,500$ m 的曲线上，其余段落位于直线上，隧道穿越低山丘陵地区、冲沟发育，相对高差最大约 269 m，自然坡度较陡，隧道进、出口有村、乡级道路，交通相对方便。

2. 原有控制网精度分析

该测区在工程勘测阶段，为了测图的需要布设了勘测网（北京 54 参考椭球，0 m 投影面，中央子午线经度为 118°15′），在测区总共加密了 12 个点，即点号从 GPS9201 ~ GPS9212。因为勘测网主要用于测图，本身精度较低，而且从表 1-3-6 中的全站仪实测数据和坐标反算数据可以看出：长度投影变形较大，相对误差均大于 1/40 000。这明显不能满足《工程测量规范》中规定的要求，如果将其直接用于隧道施工测量，则不能满足隧道施工的精度要求。因此，在工程施工阶段，需要建立独立的施工控制网。

表 1-3-6　全站仪实测距离与勘测坐标反算距离对比

边　　号	全站仪测量距离 $S_{全站}$/m	勘测网坐标反算距离 $S_{勘测}$/m	($S_{全站} - S_{勘测}$) 的差值/mm	相对误差
GPS9201 ~ GPS9202	423.612 1	423.592 0	20.1	1/210 74
GPS9201 ~ GPS9204	727.070 1	727.039 4	30.7	1/236 82
GPS9202 ~ GPS9204	511.372 9	511.348 2	24.7	1/207 02
GPS9205 ~ GPS9208	674.811 1	674.775 6	35.5	1/190 08
GPS9207 ~ GPS9208	697.244 7	697.210 1	34.6	1/201 51
GPS9211 ~ GPS9212	330.078 8	330.066 5	12.3	1/268 35
GPS9210 ~ GPS9212	960.096 2	960.053 5	42.7	1/224 84

3. 独立控制网建立的方法

按《工程测量规范》要求，隧道施工独立控制网的边长投影变形值要小于 2.5 cm/km。为了减少投影变形，则需要建立独立坐标系。施工独立平面坐标系统的建立有 3 种，分别是：采用抵偿高程面而中央子午线不变的方法；变换中央子午线而投影面不变的方法；即改变投影面又改变投影带的方法。这 3 种独立控制网的建立都适用于首级控制网精度很高的情况，利用隧道两端首级控制网来解算加密网精度相对很高。但从以上原有控制网精度分析来看，首级勘测网精度较低，原因有 3 个方面：第一，隧道离勘测网中央子午线（其经度为 118°15′）较远，有 30 km；第二，隧道线路平均高程面比勘测网 0 m 投影面要高出 332.1 m；第三，勘测网本身精度不高，若用两头起算加密点，误差将会全部集中在隧道内，导致隧道贯通精度受到很大影响，因此本测区独立控制网的建立不仅要利用上述介绍的第三种方法以抵偿投影变形，而且还要结合采用一点一方向法解算加密网，从而将控制网的各项误差全部推到隧道外部，保证隧道的贯通精度。

1）抵偿投影长度变形的方法

本测区采用既改变高程投影面又改变投影带的方法，就是一方面改变投影的中央子午线，另一方面改变投影面高程的方法来抵偿长度变形。由于边长高程归化改正和高斯投影距离改正具有相互抵偿的地带，即：

$$\Delta S = \left(\frac{y_{\mathrm{m}}^2}{2R^2} D - \frac{H_{\mathrm{m}}}{R_A} S \right) \tag{1-3-37}$$

式中　ΔS——边长投影变形值；

　　　H_{m}——归算边高出抵偿高程面的平均高程；

　　　R——地球平均曲率半径；

　　　y_{m}——该边两端点的平均横坐标；

　　　R_A——测线两端平均纬度处参考椭球面的平均曲率半径；

　　　D——实际测量的水平距离；

　　　S——参考椭球面上的长度。

从式（1-3-36）可看出，综合长度变形与测区在投影带的位置和测区平均高程有关。现将测区中的 $y_{\mathrm{m}} = 30$ km 和 $H_{\mathrm{m}} = 332.1$ m 代入（1-3-37）式，为了计算方便，又不至损害必要的精度，取 $R = R_A = 6\,371$ km，可计算出 1 km 控制边的长度综合变形为 -4.1 cm。这远远超出了《工程测量规范》中 2.5 cm/km 的要求。为了减少投影变形，若以隧道的平均高程面为投影面，平均经线为中央子午线，可得 $H_{\mathrm{m}} = 0$，$y_{\mathrm{m}} = 0$，此时，$\Delta S = 0$。基于此抵偿原理，此隧道独立平面控制网坐标系的建立方法为：坐标系的 X、Y 坐标轴方向与勘测控制网一致，采用北京 54 椭球，以隧道中部的经度作为中央子午线经度，即 $L_0 = 117°56'2.04''$；坐标投影面高度采用隧道线路中线的平均高程面，即 $H_{低} = 332.10$ m。

2）一点一方向法

此隧道独立坐标是在北京 54 椭球下，以勘测网中隧道进口 GPS9201 号点作为约束点起算，以 GPS9201~GPS9209 方向作为约束方向（见图 1-3-22），中央子午线 $L_0 = 117°56'2.04''$，投影面高程 $H_{低} = 332.10$ m。通过科傻软件解算，隧道出口 GPS9209 点的坐标与原勘测网坐标相比，数据结果见表 1-3-7，x 坐标相差约 20 cm，y 坐标相差约 33 cm。

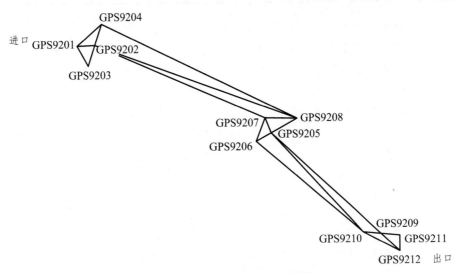

图 1-3-22　隧道独立控制网图

表 1-3-7　GPS9209 点的坐标与原勘测网坐标对比

坐标	勘测网坐标/m	独立网坐标/m	差值/m
x	4 004 629.382 4	4 004 629.179 3	0.203 1
y	474 939.410 2	474 939.741 0	− 0.330 8

4. 独立控制网精度检核

本隧道独立控制网的建立通过采用以上两种方法的结合使用，一方面，在投影长度变形方面，从表 1-3-8 的数据结果显示：每个边的相对误差都非常小，完全满足了《工程测量规范》要求，长度变形处理效果显著；另一方面，采用一点一方向的误差处理方法，可将误差全部推到隧道外（见表 1-3-7），不仅提高了隧道洞外控制网的精度，而且其最主要的好处在于：不用转换隧道中桩坐标。但缺点是：将误差全部集中在隧道出口。造成隧道出口 GPS9209 号点位差了约 20 cm，相应的隧道与洞外结构物的贯通误差就比较大，对于这部分变形误差需要在洞外 2 km 的路基上进行调整。

表 1-3-8　全站仪测量距离与独立控制网坐标反算距离对比

边　　号	全站仪测量距离 $S_{全站}$/m	独立坐标反算距离 $S_{独立}$/m	（$S_{全站}-S_{独立}$）的差值/mm	相对误差
GPS9201 ~ GPS9202	423.612 1	423.611 6	0.5	1/847 242
GPS9201 ~ GPS9204	727.070 1	727.072 8	− 2.7	1/269 287
GPS9202 ~ GPS9204	511.372 9	511.371 7	1.2	1/426 148
GPS9205 ~ GPS9208	674.811 1	674.808 6	2.5	1/269 927
GPS9207 ~ GPS9208	697.244 7	697.244 2	0.5	1/139 448
GPS9211 ~ GPS9212	330.078 8	330.083 2	− 4.4	1/750 18
GPS9210 ~ GPS9212	960.096 2	960.101 9	− 5.7	1/168 438

为了提高隧道控制网的精度，本次任务主要对该隧道洞外控制网进行了处理：一方面采用改变投影面和投影带的方法减弱长度变形，另一方面采用一点一方向法提高外控网的外复核精度。从实践结果来看可以得出以下结论和建议：

（1）在本隧道洞外控制网中，测区海拔不大，离中央子午线的距离也不是很远的情况下，采用既改变投影面又改变投影带的投影变形处理方法效果显著。如果线路呈南北走向，东西向跨度比较小，测区平均高程很大（比如在 3 000 m 以上），则可以考虑采用抵偿高程面的方法；或者线路东西向跨度比较大，而且测区中心离中央子午线很远时，可采用"选择任意投影带"的方法。

（2）采用一点一方向推算方法很好地解决了以往常规控制网采用两头起算使误差集中在隧道中部的问题，而且也避免了隧道中线坐标的转换问题。但这种方法的缺点是将变形误差推到了隧道外，当误差较小时，在连接隧道的路基上调整是较容易的。如果连接隧道的是桥梁，那就要考虑将隧道和桥梁作为整体建立控制网或其他方法。但是当误差很大时，就要考虑采用其他的方法处理。

1.3.5　知识拓展

1. 椭球定位和定向

旋转椭球体是椭圆绕其短轴旋转而成的形体，通过选择椭圆的长半轴和扁率，可以得到与地球形体非常接近的旋转椭球。旋转椭球面是一个形状规则的数学表面，在其上可以做严密的计算，而且所推算的元素（如长度和角度）同大地水准面上的相应元素非常接近。这种用来代表地球形状的椭球称为地球椭球，它是地球坐标系的参考基准。

椭球定位是指确定椭球中心的位置，可分为两类：局部定位和地心定位。局部定位要求在一定范围内椭球面与大地水准面有最佳的符合，而对椭球的中心位置无特殊要求；地心定位要求在全球范围内椭球面与大地水准面有最佳的符合，同时要求椭球中心与地球质心一致或最为接近。

椭球定向是指确定椭球旋转轴的方向，不论是局部定位还是地心定位，都应满足两个平行条件：

（1）椭球短轴平行于地球自转轴。

（2）大地起始子午面平行于天文起始子午面。

这两个平行条件是人为规定的，其目的在于简化大地坐标、大地方位角同天文坐标、天文方位角之间的换算。

参考椭球是指具有确定参数（长半径 a 和扁率 f），经过局部定位和定向，同某一地区大地水准面最佳拟合的地球椭球。除了满足地心定位和双平行条件外，在确定椭球参数时能使它在全球范围内与大地体最密合的地球椭球，称为总地球椭球。

2. 地心坐标系

地心坐标系是指坐标系的原点设在地球质心的一类坐标系的总称，它可以划分为地心空间直角坐标系和地心大地坐标系。其中，地心空间直角坐标系是指原点与地球质心重合，Z 轴指向地球北极，X 轴指向格林尼治平均子午面与地球赤道的交点，Y 轴垂直于 XOZ 平面构成右手坐标系；地心坐标系是指地球椭球的中心与地球质心重合，椭球面与大地水准面在全球范围内最佳符合，椭球的短轴与地球自转轴重合（过地球质心并指向北极），大地纬度为过地面点的椭球法线与椭球赤道面的夹角，大地经度为过地面点的椭球子午面与格林尼治的大地子午面之间的夹角，大地高为地面点沿椭球法线至椭球面的距离。

地心坐标系的建立方法可分为直接法和间接法两种。其中，直接法就是通过一定的观测资料（比如天文、卫星观测资料等）直接求得点的地心坐标的方法；间接法则是通过一定的资料（包括地心系统和参心系统资料）得到地心坐标系和参心坐标系之间的转换参数，然后利用其转换参数和参心坐标，间接求得点的地心坐标的方法。目前的地心坐标系有：美国的 WGS-84 坐标系和我国的 2000 坐标系。

3. 参心坐标系

参心坐标系是以参考椭球的几何中心为原点的大地坐标系。通常分为：参心空间直角坐标系（以 x、y、z 为其坐标元素）和参心大地坐标系（以 B、L、H 为其坐标元素）。

参心坐标系是在参考椭球内建立的 O-XYZ 坐标系。原点 O 为参考椭球的几何中心，X 轴与赤道面和首子午面的交线重合，向东为正。Z 轴与旋转椭球的短轴重合，向北为正。Y 轴与 XZ 平面垂直构成右手系。我国的 1954 北京坐标系和 1980 西安坐标系都属于参心坐标系。

1.3.6　相关规范、规程与标准

GB 50026—2007《工程测量规范》，中华人民共和国国家标准。

思考题与习题

1. 什么是地图投影？地图投影变形的种类有哪些？

2. 高斯投影的条件是什么？

3. 为什么要进行投影换带计算？简述高斯投影换带计算的方法。

4. 我国采用的坐标系统有哪些？

5. 在《工程测量规范》中，要求长度投影变形不能超过多少？独立坐标系建立的方法有哪些？

6. 某测区高斯投影 6°带最边缘坐标 $Y = 200$ km，测区平均高程为 1 000 m，当 $S = 1 000$ m 时，请计算综合投影变形有多大？如果超限，请利用抵偿高程面的方法计算抵偿高程面的高程。

7. 测量中的坐标系统有哪些？为什么要进行坐标系间的转换？

8. 什么是三差改正？

任务 1.4 三角形网控制测量

1.4.1 学习目标

1. 知识目标
（1）掌握三角形控制网的技术设计书的编写方法。
（2）掌握三角形网的布设、观测、记录及限差计算的方法。
（3）掌握软件数据处理的方法。
（5）掌握控制测量成果报告书的编写方法。

2. 能力目标
（1）方法能力：
① 具备资料搜集整理的能力；
② 具备制订、实施工作计划的能力；
③ 具备综合分析判断能力；
④ 具备能正确应用行业技术规范的能力。
（2）专业能力：
① 能够进行三角形控制网的技术设计书的编写；
② 能够熟练进行三角形网的布设、观测、记录及限差计算；
③ 会使用软件对数据进行处理；
④ 能够编写控制测量成果报告书。
（3）社会能力：
① 具备能迁移和应用知识的能力以及善于创新和总结经验的能力；
② 具备较快适应环境的能力；
③ 具备团队协作的能力；
④ 具备诚实守信和爱岗敬业的职业道德；
⑤ 具备工作安全意识与自我保护能力。

1.4.2 工作任务

根据一级三角网的技术要求，在校外实训基地布设大地四边形控制网，完成该网的观测、记录、计算、数据处理及成果报告的编写等任务，为后续的工程放样、数字测图等提供控制基准。

1.4.3　相关配套知识

1.4.3.1　三角形网测量的主要技术要求

新《工程测量规范》对各等级三角形网测量的技术要求做了如下规定，如表 1-4-1 所示。

表 1-4-1　三角形网测量的主要技术要求

等级	平均边长/km	测角中误差/（″）	测距相对中误差	最弱边边长相对中误差	测回数			三角形最大闭合差/（″）
					1″级仪器	2″级仪器	6″级仪器	
二等	9	1	1/250 000	1/120 000	12	—		3.5
三等	5.5	1.8	1/150 000	1/70 000	6	9		7
四等	2	2.5	1/100 000	1/50 000	5	6		9
一级	1	5	1/50 000	1/20 000	—	2	5	15
二级	0.5	10	1/20 000	1/10 000	—	1	2	30

注：当测区测图的最大比例尺为 1:1 000 时，一、二级网的平均边长可适当放长，但最大长度不应大于表中规定长度的 2 倍。

1.4.3.2　三角形网的布设

三角形网主要有：三角网、三边网和边角网。三角网是指只测角的以三角形为基本图形的网；边角网是指既测角又测边的以三角形为基本图形的网；如果只测边而不测角的网则称为三边网。导线网可看作是边角网的特殊情况。这里主要介绍三角网。

1）三角网的网形

在地面上选定一系列的点位 1、2…，使互相观测的两点相互通视，然后把它们用三角形的形式连接起来，即构成三角网。对于工程测量，如果测区范围在 10 km² 之内，可将测区的曲面当平面对待。

三角网中的观测量是网中的全部（或大部分）方向值。若已知 1 号点的平面坐标（x_1，y_1），1 号点和 2 号点的平面边长 S_{12}、坐标方位角 α_{12}，便可用正弦定理依次推算出所有三角网的边长、各边的坐标方位角和各点的平面坐标。

2）布网形式

三角网的几何条件多，网形结构强，便于检核。布设时要求一点与其周围相邻的点互相通视，并要建造觇标。在以前测距困难的条件下，特别是山区和丘陵地区，适合于布设三角网。三角网的布设形式主要决定于起始数据的多少和配置，其可分为独立网和非独立网，分别叙述如下：

（1）独立网。当三角网中只有必要的一套起算数据（比如两个点的坐标）时，这种网称为独立网。图 1-4-1 中都是独立网，它们都是三角网中常用的一种典型图形。

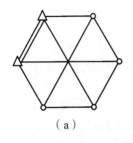
（a）

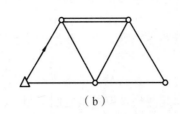
（b）

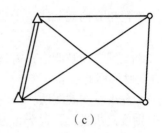
（c）

图 1-4-1   独立网

（2）非独立网。当三角网中具有多于必要的一套起算数据时，则称为非独立网。如图 1-4-2 为相邻两三角形中插入两点的典型图形。图中，A、B、C、D 个点都为高级三角点，其坐标、坐标间的边长和坐标方位角都是已知的；M、N 为两个待定点。所以，这种三角网的起算数据多于一套，属非独立网，又称为附合网。

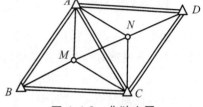

图 1-4-2   非独立网

3）三、四等三角网布网特点

三、四等三角网是在二等三角网的基础上加密。三角网起算边的相对中误差，按首级网和加密网分别对待。对独立的首级三角网，其起算边由电磁波测距求得，因此，起算边的精度以电磁波测距所能达到的精度来考虑；对于加密网而言，则要求上一级网最弱边的精度应能作为下一级网的起算边，这样有利于分级布网、逐级控制，而且也有利于采用测区内已有的国家网或其他单位已建成的控制网作为起算数据。三、四等三角网与三、四等导线属于同一等级。

4）三角网和导线网比较

三角网与导线网相比，主要优点是：三角网中的多余观测中的多余观测数较同样规模的导线网要多，容易发现观测值中的粗差，可靠性高。其缺点是：在平原地区或隐蔽地区易受障碍物的影响，布网困难大，有时不得不建造较高的觇标。

5）注意事项

（1）首级控制网中的三角形，宜布设为近似等边三角形。其三角形的内角不应小于 30°；当受地形条件限制时，个别角可方宽，但不应小于 25°。

（2）加密的控制网，可采用插网或插点等形式。

（3）三角形网点位的选定，除应满足前面任务 1.1 中讲授的导线点位选定的 1-5 条外，二等网视线距障碍物的距离不宜小于 2 m。

1.4.3.3   三角形网的观测

三角形网的水平角观测宜采用方向观测法。二等三角形网也可采用全组合观测法。

方向观测法是指在一个测回中将测站上所有要观测的方向逐一照准进行观测，从而得到各方向的方向观测值，由两个方向观测值就可以得到相应的水平角度值。方向观测法按照一测站上待测方向的多少，一般可以分为：简单方向观测法、全圆方向观测法、分组方向观测法。

（1）简单方向观测法：不进行归零观测。当一测站的待测方向数不超过 3 个方向时可用此法。

（2）全圆方向观测法：需进行归零观测。当一测站的待测方向数超过 3 个方向但不超过 6 个方向时可用此法。

（3）分组方向观测法：当超过 6 个方向时，可将待测方向分为方向数不超过 6 个的若干组，分别按此法进行，称分组方向观测法。但各组之间必须有两个共同的方向，且在观测结束后对各组的方向值进行平差处理，以便获得全站统一的归零方向值。

以下对全圆方向观测法做详细介绍。

1. 观测方法

如图 1-4-3 所示，在测站 O 上，有 A、B、C、D 这几个方向需要观测，首先应当选择边长适中、通视良好、成像清晰稳定的方向作为观测的起始方向，也就是零方向（如选择 A 方向）。方向观测法一个测回的观测顺序如下：

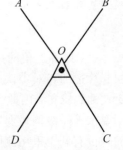

图 1-4-3　方向观测法测水平角

（1）在测站点 O 上对中、整平仪器。

（2）盘左位置，先照准零方向 A 进行观测，然后按照顺时针方向转动照准部依次照准 B、C、D 观测，最后再回到 A（这种观测称归零观测，归零观测的目的是检查观测过程中水平度盘有无方位的变动），此时完成上半测回观测。

（3）盘右位置，仍是先照准 A 进行观测，然后按逆时针方向转动照准部依次照准 D、C、B 观测，最后再闭合到 A。此时下半测回完成。上、下半测回则构成一个测回。通常，为了提高测量精度，有时要观测若干测回，各测回的观测方法相同。但是，应按照测回法对各测回盘左起始方向值进行设置，依次为 $\dfrac{180°}{n}$。

为了消除偶然误差对水平角观测的影响，从而提高测角精度，观测时应有足够的测回数。方向观测法测回数的确定是根据控制网的等级和所用仪器的类型确定的，如表 1-4-2 所示。

表 1-4-2　测角网测回数的要求

测角网等级	二等	三等	四等
0.5″级仪器	6	5	2
1″级仪器	9	6	5
2″级仪器	—	9	6

2. 记录及计算

1）记　录

方向观测法测水平角记录如表 1-4-3 所示。

表 1-4-3   方向观测法测水平角记录手簿

测站点	测回数	目标点	水平方向值		2c/ (″)	平均值 / (° ′ ″)	归零方向值 / (° ′ ″)	各测回平均归零方向值 / (° ′ ″)	水平角值 / (° ′ ″)
			盘左 / (° ′ ″)	盘右 / (° ′ ″)					
1	2	3	5	5	6	7	8	9	10
O	1	A	00 02 52	180 02 52	0	00 02 52	00 00 00	00 00 00	
		B	60 18 42	240 18 30	+ 12	60 18 36	60 15 46	60 15 50	60 15 50
		C	116 50 18	296 50 12	+ 6	116 50 15	116 47 25	116 47 22	56 31 32
		D	185 17 30	05 17 36	− 6	185 17 33	185 14 43	185 14 46	68 27 24
		A	00 02 50	180 02 46	+ 4	00 02 48			
	2	A	90 01 00	270 01 06	− 6	90 01 03	00 00 00		
		B	150 17 06	330 17 00	+ 6	150 17 03	60 15 54		
		C	206 48 30	26 48 25	+ 5	206 48 28	116 47 19		
		D	275 15 58	95 15 58	0	275 15 58	185 14 49		
		A	90 01 12	270 01 18	− 6	90 01 15			

2）计　算

（1）归零差：盘左 $52″ - 50″ = + 2″$；盘右 $46″ - 52″ = - 6″$。

（2）计算同一方向上 $2c$ 值：

$$2c = 盘左方向值 - (盘右方向值 \pm 180°)$$

比如，第一测回 A 方向 $2c = 00°02′52″ - (180°02′52″ - 180°) = 0″$。

（3）计算各目标方向值的平均值：

$$平均值 = [盘左方向值 + (盘右方向值 \pm 180°)]/2$$

比如，第一测回 A 方向平均读数 $= \dfrac{1}{2}[00°02′52″ + (180°02′52″ - 180°)] = 0°02′52″$。

（4）起始方向平均值：

$$A\ 方向平均值 = \frac{1}{2}(00°02'52'' + 00°02'48'') = 00°02'50''$$

（5）计算归零方向值（归零值）：

$$归零值 = 各方向平均值 - 起始方向平均值$$

比如，第一测回 B 方向归零方向值 $= 60°18'36'' - 00°02'50'' = 60°15'46''$。

（6）计算各测回同一方向平均归零方向值。从理论上讲，不同测回的同一方向值应相等，但由于误差导致各测回之间有一定的差值，若该差值在限差之内，则各测回平均归零方向值为各个测回归零方向值的平均值。

比如，B 方向平均归零方向值 $= \frac{1}{2}(60°15'46'' + 60°15'54'') = 60°15'50''$。

（7）计算各方向之间的水平角度值：

例如，$\angle BOC = 116°47'22'' - 60°15'50'' = 56°31'32''$

3. 技术要求

（1）半测回归零差：两次观测零方向之差值，在限差以内时，取其平均值作为起始方向值。

（2）一测回中 $2c$ 值变动范围：$2c$ 即为 2 倍的照准差，测量规范中对 $2c$ 值规定了各方向之间的互差限差。

（3）各测回同一方向值互差：例如，观测为 2 个测回，各测回 C 方向归零方向值间的差值。

水平角方向观测法的技术要求如表 1-4-4 所示。

表 1-4-4　水平角方向观测法的技术要求

等　　级	仪器精度等级	半测回归零差/（″）	一测回内 $2c$ 互差/（″）	同一方向值各测回较差/（″）
四等及以上	1″级仪器	6	9	6
	2″级仪器	8	13	9
一级及以下	2″级仪器	12	18	12
	6″级仪器	18		25

对于不同的工程控制网，技术要求都有明确规定，为了保证观测成果的质量，观测中应认真检核各项限差是否符合要求，如果观测成果超限，则应重新观测。决定哪个方向或哪个测回应重测是一个关系到最后平均值是否接近客观真值的重要问题，因此要慎重对待。对重测对象的判断应结合实践经验和误差传播规律进行具体问题具体分析，以便做出正确判断。

一测站重测和数据取舍应遵循以下原则：

（1）重测一般应在基本测回（即规定的全部测回）完成以后，对全部成果进行综合分析，作出正确的取舍，并尽可能分析出影响质量的原因。

（2）对于因为对错度盘、测错方向、读错记错、碰动仪器、气泡偏离过大、上半测回归零差超限以及其他原因未测完的测回都要立即重新观测。

（3）一测回内 $2c$ 互差或同一方向各测回较差超限时，应该重测超限方向并联测零方向。

因测回互差超限重测时，除明显值外，原则上应重测观测结果中最大值和最小值的测回。

（4）若一测回中重测方向数超过总方向数的 1/3 时（包括观测 3 个方向时，有一个方向重测），应重测该测回。当重测的测回数超过总测回数的 1/3 时，则应重测该站。

（5）零方向的 2c 互差或下半测回的归零差超限，该测回应重测。

方向观测法重测方向测回数的计算方法是：在基本测回观测结果中，重测一方向算作一个重测方向测回；一个测回中有 2 个方向重测，算作 2 个重测方向测回；因零方向超限而全测回重测，算作（n-1）个重测方向测回。每站上的方向测回总数是利用公式（n-1）m 计算（n 为该站方向总数，m 为基本测回数）。例如，某站上的方向数 n=6，基本测回数 m=9，则测站上的方向测回总数（n-1）m=45，该测站重测方向测回数应小于 15。

三角形网观测完之后，应计算三角形网的测角中误差，公式如下：

$$m_\beta = \sqrt{\dfrac{[WW]}{3n}} \qquad\qquad (1\text{-}4\text{-}1)$$

式中　m_β——测角中误差（″）；

　　　W——三角形闭合差（″）；

　　　n——三角形的个数。如果测角中误差超限，则应重测。

1.4.3.4　平差计算

1. 平差前的准备工作

由于野外观测值是在地球表面上获得的，而平差计算一般是在高斯平面上进行的。当测区需要进行高斯投影时，四等及以上的方向观测值应进行归心改正和方向改正，换算成高斯投影平面上的以标石中心为准的直线方向值。除此之外，还需要进行一系列的检核计算。

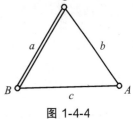

图 1-4-4

1）近似边长计算

近似边长的计算是为了给归心改正和近似坐标的计算提供数据。按照三角网略图上的拟定推算路线，用正弦公式可依次推算各个边长。如图 1-4-4 所示，a 为已知边，A、B、C 为观测角，则由关系式

$$\frac{a}{\sin A} = \frac{b}{\sin B} = \frac{c}{\sin C}$$

得到

$$b = a\frac{\sin B}{\sin A}, \quad c = a\frac{\sin C}{\sin A} \qquad\qquad (1\text{-}4\text{-}2)$$

2）归心改正计算

归心改正的计算目的在于把以仪器中心和照准标志中心为准的方向值换算成以标石中心为准的方向值。其计算公式如下。

（1）测站点归心改正：

$$\delta_1 = \frac{e_Y}{s} \rho'' \sin(M_Y + \theta_Y) \tag{1-4-3}$$

式中　s——测站点标石中心和照准点标志中心间的近似边长；

　　　e_Y、θ_Y——测站点偏心距和测站点偏心角，这两个元素也称为测站点归心元素；

　　　M_Y——在测站点上照准目标的观测方向值。

（2）照准点归心改正：

$$\delta_2 = \frac{e_T}{s} \rho'' \sin(M_T + \theta_T) \tag{1-4-4}$$

式中　s——测站点标石中心和照准点标石中心间的近似边长；

　　　e_T、θ_T——照准点偏心距和照准点偏心角，这两个元素也称为照准点归心元素；

　　　M_T——在照准点上设站时的方向观测值。

3）近似坐标计算

计算近似坐标的目的主要是计算方向改正数和距离改正数。计算公式为：

$$\left.\begin{array}{l} x_2 = x_1 + \Delta x_{12} = x_1 + S_{12} \cos T_{12} \\ y_2 = y_1 + \Delta y_{12} = y_1 + S_{12} \sin T_{12} \end{array}\right\} \tag{1-4-5}$$

式中　S 和 T——近似边长和近似坐标方位角。注意的是，横坐标 y 坐标应采用自然坐标，而不是通用坐标。

4）方向改正计算

方向改化计算公式为：

$$\left.\begin{array}{l} \delta_{1,2} = \dfrac{\rho}{6R_m^2}(x_1 - x_2)(2y_1 + y_2) \\[2mm] \delta_{2,1} = \dfrac{\rho}{6R_m^2}(x_2 - x_1)(y_1 + 2y_2) \end{array}\right\} \tag{1-4-6}$$

其简化计算公式为：

$$\delta_{1,2} = -\delta_{2,1} = \frac{\rho}{2R_m^2}(x_1 - x_2)y_m \tag{1-4-7}$$

式中　$\delta_{1,2}$——测站点 1 向照准点 2 观测方向的方向改化值（″）；

　　　$\delta_{2,1}$——测站点 2 向照准点 1 观测方向的方向改化值（″）；

　　　x_1，y_1，x_2，y_2——1、2 两点的坐标值（m）；

　　　R_m——测距边中点处在参考椭球面上的平均曲率半径（m）；

　　　y_m——1、2 两点的横坐标平均值（m）。

2. 科傻软件平差计算

算例：某测角网，已知数据和观测数据如表 1-4-5 和表 1-4-6 所示，控制网图如图 1-4-5 所示，试求各待定点坐标的平差值。

表 1-4-5

点　名	坐标/m	
	X	Y
A	3 553 106.75	512 513.61
B	3 565 238.63	515 526.76

表 1-4-6

角号	角度观测值 /(°　′　″)	角号	角度观测值 /(°　′　″)	角号	角度观测值 /(°　′　″)
1	58　33　13.8	5	123　26　52.3	9	56　27　55.6
2	78　55　03.3	6	31　33　50.7	10	53　31　55.5
3	52　31　52.6	7	56　51　56.9	11	80　57　55.7
5	25　59　36.3	8	76　50　19.7	12	55　50　08.9

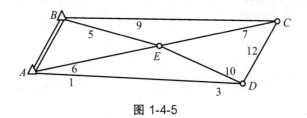

图 1-4-5

1）数据录入

打开科傻软件，选择"文件"菜单下的"新建"，打开如图 1-4-6 所示的窗口，在其中编写已知数据和测量数据信息，格式如图所示，其结构如下，输完后保存（文件后缀名为".in2"例如：测角网.in2）。

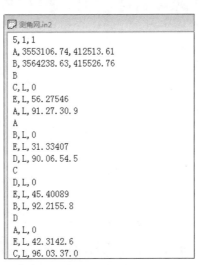

图 1-4-6

说明：

第一部分：

第一行为方向中误差，测边固定误差，测边比例误差；

第二行开始为已知点点号及其坐标值，每一个已知点数据占一行。

第二部分：

第一行为测站点点号；

第二行开始为照准点点号，观测值类型，观测值；观测值分3种，分别用一个字符（大小写均可）表示：L表示方向，以（° ′ ″）为单位。S表示边长，以m为单位。

2）闭合差计算

在"工具"菜单中选择"闭合差计算"，弹出如图 1-4-7 对话框，选择平面观测文件"测角网.in2"进行闭合差计算，计算结果存放于闭合差结果文件"测角网.clo"中。

图 1-4-7

3）平差计算

在"平差"菜单下选择"平面网"，则弹出如图 1-4-8 所示的对话框，选择平面观测文件"测角网.in2"进行平差计算，计算结果存放于平差结果文件"测角网.ou2"中。

图 1-4-8

4）平差报表

在"报表"菜单下选择"平差结果"中的"平面网"，弹出如图 1-4-9 所示的对话框，选择平差结果文件"测角网.ou2"进行平差结果的输出，则成果保存到"测角网.rt2"文件中。

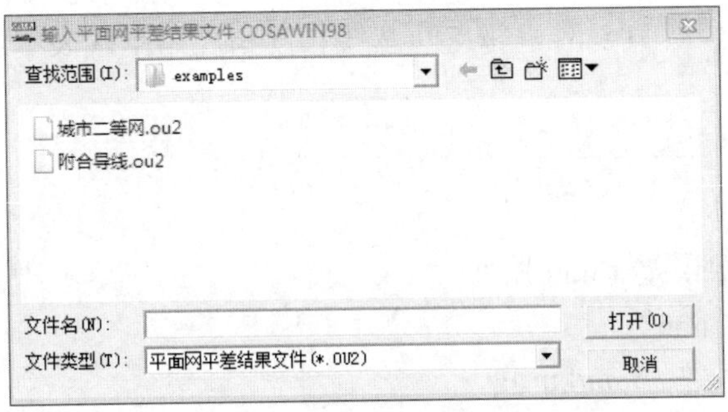

图 1-4-9

1.4.4 知识拓展

1.4.4.1 国家平面控制网布设原则

国家平面控制网是一项浩大的基本测绘建设工程。在我国大部分领域上布设国家大地网，事先需进行全面规划、统筹安排、兼顾数量、质量、经费和时间的关系，拟定出具体的实施细则，作为布网的依据。这些原则主要有：

1. 分级布网、逐级控制

我国领土辽阔，地形复杂，不可能一次性用较高的精度和较大的密度布满全国。为了适时地保障国家经济建设和国防建设用图的需要，根据主次缓急而采用分级布网、逐级控制的原则是十分必要的，即先以高精度而稀疏的一等三角锁，尽可能沿经纬线纵横交叉地迅速地布满全国，形成统一的骨干控制网，然后在一等锁环内逐级布设二、三、四等三角网。所以国家三角网共分 5 个等级。

每一等级三角测量的边长逐渐缩短，三角点密度逐级加大。先完成的高等级三角测量成果可以作为低一级三角测量的起算数据并起控制作用。

2. 足够的精度

国家三角网的精度，应该能满足大比例尺测图的要求。即要求首级图根点相对于起算三角点的点位误差，在图上不应超过 0.1 mm，相对于地面上的点位误差应不超过 $\pm 0.1N$ mm（N 为测图比例尺的分母）。而图根点相对于国家三角点的误差，要受到图根点误差和国家三角点误差的共同影响，为了使国家三角点误差影响可以忽略不计，应使相邻国家三角点的点位误差小于 $(1/3) \times 0.1N$ mm。据此可得出不同比例尺测图对相邻三角点点位的精度要求，如表 1-4-7 所示。

表 1-4-7 各种比例尺测图对相邻三角点点位的精度要求

测图比例尺	1：5 万	1：2.5 万	1：1 万	1：0.5 万	1：0.2 万
图根点对于三角点的点位误差/m	±5	±2.5	±1.0	±0.5	±0.2
相邻三角点的点位误差/m	±1.7	±0.83	±0.33	±0.17	±0.07

在 GPS 测量中，各级 GPS 网相邻点间基线长度精度用下式表示，并应符合表 1-4-8 的规定。

$$\sigma = \sqrt{A^2 + (B \times d)^2}　　　　　　　　　　　　（1-4-8）$$

式中　σ——基线长度中误差（mm）；

　　　A——固定误差（mm）；

　　　B——比例误差系数（mm/km）；

　　　d——相邻点间距离（km）。

表 1-4-8　精　度　分　级

级　别	固定误差 A/mm	比例误差系数 B/（$\times 10^{-6}$）
AA	≤3	≤0.01
A	≤5	≤0.1
B	≤8	≤1
C	≤10	≤5
D	≤10	≤10
E	≤10	≤20

3. 足够的密度

国家三角网中三角点的密度应该满足测图的要求。三角点的密度是指每幅图中包含有多少个控制点。因为测图的比例尺不同，每幅图的面积也不同，所以三角点的密度也用平均若干公里里有一个三角点表示。根据测图实践，现列出不同比例尺测图对三角点的密度要求如表 1-4-9 所示。

表 1-4-9　不同比例尺测图对三角点的密度要求

测图比例尺	平均每幅图的面积/km²	平均每幅图要求的三角点个数	每点控制的面积	三角网的平均边长/km	相应的三角网的等级
1：5 万	350～500	3	150	13	二等
1：2.5 万	100～125	2～3	50	8	三等
1：1 万	15～20	1	20	2～6	四等

GPS 测量中两相邻点间的距离可视需要而定，一般要满足表 1-4-10 要求。

表 1-4-10　GPS 测量中两相邻点间的距离要求

项　目　　　　级　别	AA	A	B	C	D	E
相邻点最小距离/m	330	100	25	5	2	1
相邻点最大距离/m	3 000	900	210	50	30	15
相邻点平均距离/m	1 000	300	70	10～15	5～10	2～5

4. 统一的规格

由于我国领土广大，建立国家三角网是一项繁重而浩大的工程，需要各个地区在有关测绘部门的负责下分别完成。为了避免重复和浪费，且便于后面成果的汇总及统一管理，必须要有统一的布设方案和作业规范，作为建立全国大地控制网的依据。

国家测绘总局在 1958 年和 1975 年先后颁布了《大地测量法式（草案）》和《国家三角测量和精密导线测量规范》，为了规范 GPS 测量工作，1992 年还颁布了《全球定位系统（GPS）测量规范》。《大地测量法式（草案）》是国家为开展大地测量工作而制定的基本测量法规。根据《大地测量法式（草案）》国家又制定出相应的测量规范，它是国家为测绘制定的统一规定。主要内容包括：布网方案、作业方法、使用的仪器、各种精度指标等。全国各测绘部门，在作业过程中必须以此为基本依据。

1.4.4.2　国家平面控制网的布设

根据国家平面控制网当时测量时的测绘技术水平和条件，确定采用常规的三角网为平面控制网的基本形式，在青藏高原特殊困难地区兼用精密导线测量方法。现将国家三角网的布设方案和精度要求简述如下：

1. 一等三角锁

一等三角锁是国家平面控制网的骨干，它的作用是控制二等及以下各级三角网的建立并为研究地球形状和大小提供资料。

一等三角锁一般沿经纬线布设成纵横交叉的网状，两相邻交叉点之间的一段称为锁段，其长度一般为 200 km，纵横锁段构成锁环。网中的三角形由等边三角形构成，锁段中三角形个数一般在 16 ~ 20 个，三角形边长约在 20 ~ 25 km，三角形的任一内角不小于 50°，三角形的测角中误差应小于 ± 0.7″。

为了控制锁段中边长推算误差的积累，在锁段两端交叉处测定起始边长。同时，在起始边的两端点上测定了天文方位角，在锁段中央处测定了天文经纬度。测定天文方位角的目的是为了控制锁段方位角的传递误差，测定天文经纬度的目的是为了给垂线偏差的计算提供基本资料。

2. 二等三角锁

二等三角锁既是地形测图的基本控制，又是加密三、四等三角网的基础，它和一等三角锁同属国家高级控制点。

20 世纪 60 年代以前，我国二等网采用两级布设的方法。即在一等锁环内，先布设沿经纬线纵横交叉的二等基本锁，将一等锁分为 4 部分，然后再在每个部分中布设二等补充网，在二等锁系交叉处加测起始边长和起始方位角。

一般二等基本锁的平均边长为 15 ~ 20 km。按三角形闭合差计算的测角中误差小于 ± 1.2″。二等补充网的平均边长 13 km，测角中误差应小于 ± 2.5″。

20 世纪 60 年代以来，改为在一等锁环内直接布满二等网。为了保证二等网的精度，控制边长和角度误差的积累，在二等网的中央位置处测定了起始边，在起始边的两端测定了天文经纬度和天文方位角，测定的精度与一等点相同。当一等锁环过大时，还应在二等网的适当位置加测起算边和起始方位角。二等网的平均边长为 13 km，由三角形闭合差计算的测角中误差小于 ± 1.0″。

3. 三、四等三角网

三、四等三角网是在一、二等三角锁的基础上，采用插网或插点的布设方法加密，以满足大比例尺测图和工程建设的需要。

插网法就是在高等级三角网内，以高级点为基础，布设次一等级的连续三角网，连续三角网的边长根据测图比例尺对密度的要求而定。三等网的平均边长为 8 km，四等网边长在 2 ~ 6 km 内变通，三等测角中误差为 ± 1.8″，四等为 ± 2.5″。

插点法是在高等级三角网的一个或两个三角形内插入一个或两个低等级的新点。在用插点法加密三角点时，要求每一插点须由 3 个方向测定，且各方向均双向观测，并应注意新点的点位，当新点位于三角形内切圆中心附近时，插点精度高；新点离内切圆中心越远则精度越低。

1.4.5　相关规范、规程与标准

GB 50026—2007《工程测量规范》，中华人民共和国国家标准

思考题与习题

1. 概述我国国家各等级三角测量的布设方案，及其在精度要求上有哪些主要规定？
2. 三角网的布网形式有哪些？
3. 简述三角网与导线网的优缺点。
4. 一个大地四边形控制网中的角度应采用什么方法观测？需要观测几个角度？
5. 通过查阅资料，简述三角网目前的应用情况。

任务 1.5　GPS 控制测量

1.5.1　学习目标

1. 知识目标

（1）熟练掌握 GPS 测量的基本原理和方法。

（2）掌握 GPS 控制网的技术设计书的编写方法。

（3）掌握 GPS 网的布设、观测方法。

（4）掌握软件数据处理的方法。

（5）掌握控制测量成果报告书的编写方法。

2. 能力目标

（1）方法能力：

① 具备资料搜集整理的能力；

② 具备制订、实施工作计划的能力；

③ 具备综合分析判断能力；

④ 具备能正确应用行业技术规范的能力。

（2）专业能力：

① 能够熟练使用 GPS 接收机；

② 能够进行 GPS 控制网的技术设计书的编写；

③ 能够熟练进行 GPS 网布设、观测；

④ 会使用软件对数据进行处理；

⑤ 能够编写控制测量成果报告书。

（3）社会能力：

① 具备能迁移和应用知识的能力以及善于创新和总结经验的能力；

② 具备较快适应环境的能力；

③ 具备团队协作的能力；

④ 具备诚实守信和爱岗敬业的职业道德；

⑤ 具备工作安全意识与自我保护能力。

1.5.2　工作任务

根据 D 级 GPS 网的技术要求，在校外实训基地布设 GPS 控制网，完成 GPS 网的观测、数据处理及成果报告的编写等任务，为后续的工程放样、数字测图等提供控制基准。

1.5.3　相关配套知识

1.5.3.1　GPS 定位原理

测量学中的交会法测量里有一种测距交会确定点位的方法。与其相似，GPS 的定位原理就是利用空间分布的卫星以及卫星与地面点的距离交会得出地面点位置。简言之，GPS 定位原理是一种空间距离交会。与其相似，无线电导航定位系统、卫星激光测距定位系统，其定位原理也是利用测距交会的原理进行定位。

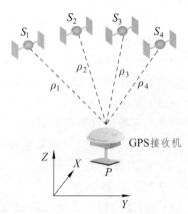

GPS 定位可以认为是将无线电信号发射台从地面点搬到卫星上，组成一颗卫星导航定位系统，应用无线电测距交会的原理，便可由 3 个以上地面已知点（控制点）交会出卫星的位置，反之利用 3 颗以上卫星的已知空间位置又可交会出地面未知点（用户接收机）的位置。这便是 GPS 卫星定位的基本原理。利用 GPS 进行定位，就是把卫星视为"动态"的控制点，在已知其瞬时坐标（可根据卫星轨道参数计算）的条件下，以 GPS 卫星和用户接收机天线之间的距离（或距离差）为观测量，进行空间距离后方交会，从而确定用户接收机天线所处的位置。

图 1-5-1　GPS 卫星定位原理

设想在地面待定位置上安置 GPS 接收机，同一时刻接收 4 颗以上 GPS 卫星发射的信号。通过一定的方法测定这 4 颗以上卫星在此瞬间的位置以及它们分别至该接收机的距离，据此利用距离交会法解算出测站 P 的位置及接收机钟差 δt。

如图 1-5-1 所示，设 t_i 时刻在测站点 P 用 GPS 接收机同时测得 P 点至 4 颗 GPS 卫星 S_1、S_2、S_3、S_4 的距离 ρ_1、ρ_2、ρ_3、ρ_4，通过 GPS 电文解译出 4 颗 GPS 卫星的三维坐标（X^j，Y^j，Z^j），$j=1$，2，3，4。用距离交会的方法求解 P 点的三维坐标 (X, Y, Z) 的观测方程为：

$$
\left.
\begin{aligned}
\rho_1^2 &= (X-X^1)^2 + (Y-Y^1)^2 + (Z-Z^1)^2 + c\delta t \\
\rho_2^2 &= (X-X^2)^2 + (Y-Y^2)^2 + (Z-Z^2)^2 + c\delta t \\
\rho_3^2 &= (X-X^3)^2 + (Y-Y^3)^2 + (Z-Z^3)^2 + c\delta t \\
\rho_4^2 &= (X-X^4)^2 + (Y-Y^4)^2 + (Z-Z^4)^2 + c\delta t
\end{aligned}
\right\}
\tag{1-5-1}
$$

式中　c——光速；

　　　δt——接收机钟差。

由此可见，GPS 定位中，要解决的问题有两个：

（1）观测瞬间 GPS 卫星的位置。通过以前的知识我们知道 GPS 卫星发射的导航电文中含有 GPS 卫星星历，可以实时的确定卫星的位置信息。

（2）观测瞬间测站点至 GPS 卫星之间的距离。站星之间的距离是通过测定 GPS 卫星信号在卫星和测站点之间的传播时间来确定的。

在 GPS 定位中，GPS 卫星是高速运动的卫星，其坐标值随时间在快速地变化着。需要实时地由 GPS 卫星信号测量出测站点至卫星之间的距离，实时地由卫星的导航电文解算出卫星的坐标值，并进行测站点的定位。依据测距的原理，其定位原理与方法主要有伪距法定位，载波相位测量定位以及差分 GPS 定位等。

实际应用中，为了减弱卫星的轨道误差、卫星钟差、接收机钟差，以及电离层和对流层的折射误差的影响，常采用载波相位观测值的各种线性组合（即差分值）作为观测值，获得两点之间高精度的 GPS 基线向量（即坐标差）。

1.5.3.2　GPS 定位方法分类

应用 GPS 卫星信号进行定位的方法，可以按照用户接收机天线在测量中所处的状态、参考点的位置或者 GPS 信号不同的观测量，分为以下几种：

1. 按照接收机天线的状态分类

按用户接收机在作业中的运动状态不同，则定位方法可分为静态定位和动态定位。

如果在定位过程中，用户接收机天线处于静止状态，或者更明确地说，待定点在协议地球坐标系中的位置，被认为是固定不动的，那么确定这些待定点位置的定位测量就称为静态定位。由于地球本身在运动，因此严格地说，接收机天线的所谓静态测量，是指相对周围的固定点天线位置没有可察觉的变化，或者变化非常缓慢，以致在观测期内察觉不出而可以忽略。

在进行静态定位时，由于待定点位置固定不动，因此可通过大量重复观测提高定位精度。正是由于这一原因，静态定位在大地测量、工程测量、地球动力学研究和大面积地壳形变监测中，获得了广泛的应用。随着快速解算整周待定值技术的出现，快速静态定位技术已在实际工作中使用，静态定位作业时间大为减少，从而在地形测量和一般工程测量领域内也将获得广泛的应用。

相反，如果在定位过程中，用户接收机天线处在运动状态，这时待定点位置随着时间变化。确定这些运动着的待定点的位置，称为动态定位。例如，为了确定车辆、船舰、飞机和航天器的实时位置，就可以在这些运动着的载体上安置 GPS 信号接收机，采用动态定位方法获得接收机天线的实时位置。

2. 按照参考点的不同位置分类

根据参考点的不同位置，GPS 定位测量又可分为绝对定位和相对定位。

绝对定位是以地球质心为参考点，测定接收机天线（即待定点）在协议地球坐标系中的绝对位置，由于定位作业仅需一台接收机，所有又称为单点定位。

单点定位外业工作和数据处理都比较简单，但其定位结果受卫星星历误差和信号传播误差影响较显著，所以定位精度较低。这种定位方法，适用于低精度测量领域，例如船只、飞机的导航，海洋捕鱼，地质调查等。

如果选择地面某个固定点为参考点，确定接收机天线相位中心相对参考点的位置，则称为相对定位。由于相对定位使用两台以上接收机，同步跟踪 4 颗以上 GPS 卫星，因此相对定位所获得的观测量具有相关性，并且观测量中包含的误差同样具有相关性。采用适当的数学模型，即可消除或者削弱观测量所包含的误差，使定位结果达到相当高的精度。相对定位既可作静态定位，也可作动态定位，其结果是获得各个待定点之间的基线向量，即三维坐标差：

Δx，Δy，Δz。目前相对定位由于精度可达 $10^{-6} \sim 10^{-8}$，所以仍旧是精密定位的基本模式。随着整周待定值快速逼近技术所取得的进展，快速静态相对定位的方法目前已被采用，并且已在某些应用领域内取代传统的静态相对定位方法。

在动态相对定位技术中，差分定位即 DGPS 定位受到了普遍重视。在进行 DGPS 定位时，一台接收机被安装在参考站上固定不动，其余接收机则分别安置在需要定位的运动载体上。固定接收机和流动接收机可分别跟踪 4 颗以上 GPS 卫星的信号，并以伪距作为观测量。根据参考点的已知坐标，可计算出定位成果的坐标改正数或距离改正数，并可通过数据发送电台发射给流动用户，以改进流动站定位结果的精度。

近几年开发的一种实时动态定位技术称为 RTK（Real time kinematic）GPS 测量，采用了载波相位观测量作为基本观测量，能够达到厘米级的定位精度。在 RTK GPS 测量作业模式下，位于参考站的 GPS 接收机，通过数据链将参考点的已知坐标和载波相位观测量一起传输给位于流动站的 GPS 接收机，流动站的 GPS 接收机根据参考站传递的定位信息和自己的测量成果，组成差分模型并进行基线向量的实时解算，可获得厘米级精度的测量定位成果。RTK GPS 测量极大地提高了 GPS 测量的工作效率，特别适合于各类工程测量以及各种用途的大比例尺测图或 GIS 数据采集，为 GPS 测量开拓了更广阔的应用前景。

3. 按照 GPS 信号的不同观测量分类

前面所说动态定位和静态定位，所依据的观测量都是所测的卫星至接收机天线的伪距。伪距的基本观测量又区分为码相位观测（简称测码伪距）和载波相位观测（简称测相伪距）。这样，根据 GPS 信号的不同观测量，可以区分为 4 种定位方法。

1）卫星射电干涉测量

以银河系以外的类星体作为射电源的甚长基线干涉测量（简称 VLBI）具有精度高、基线长度几乎不受限制等优点。因类星体离我们十分遥远，射电信号十分微弱，因此必须采用笨重、昂贵的大口径抛物面天线、高精度的原子钟和高质量的记录设备，所需的设备比较昂贵、数据处理较为复杂，从而限制了该技术的应用。GPS 卫星的信号强度比类星体的信号强度大 10 万倍，利用 GPS 卫星射电信号具有白噪声的特性，由两个同时观测一颗 GPS 卫星，通过测量这颗卫星的射电信号到达两个测站的时间差，可以求得测站间距离。由于在进行干涉测量时，只把 GPS 卫星信号当作噪声信号来使用，因而无需了解信号的结构，所以这种方法对于无法获得 P 码的用户是很有吸引力的。其模型与在接收机间求一次差的载波相位测量定位模型十分相似。

2）多普勒定位法

多普勒效应是 1942 年奥地利物理学家多普勒首先发现的。它的具体内容是：当波源与观测者做相对运动时，观测者接收到的信号频率与波源发射的信号频率不相同。这种由于波源相对于观测者运动而引起的信号频率的移动称为多普勒频移，其现象称为多普勒效应。根据多普勒效应原理，利用 GPS 卫星较高的射电频率，由积分多普勒计数得出伪距差。但采用积分多普勒计数法进行测量时，所需观测时间一般较长（数小时），同时在观测过程中接收机的振荡器要求保持高度稳定。为了提高多普勒频移的测量精度，卫星多普勒接收机不是直接测量某一历元的多普勒频移，而是测量在一定时间间隔内多普勒频移的积累数值，称之为多普勒计数。

因此，GPS 信号接收机可以通过测量载波相位变化率而测定 GPS 信号的多普勒频移，其相应的距离变化率测量精度，在 2000 年 5 月 1 日以前有 SA 技术的情况下，且用 DGPS（GPS 差分定位）测量模式，可达 $2 \sim 5$ cm/s。对于静态用户而言，GPS 多普勒频移的最大值为 ± 4.5 kHz。如果知道用户的概略位置和可见卫星的历书，便可估算出 GPS 多普勒频移，而实现对 GPS 信号的快速捕获和跟踪，这很有利于 GPS 动态载波相位测量的实施。

3）伪距测量法

伪距测量法是利用全球定位系统进行导航定位的最基本的方法，其基本原理是：在某一瞬间，利用 GPS 接收机同时测定至少 4 颗卫星的伪距，根据已知的卫星位置和伪距观测值，采用距离交会法求出接收机的三维坐标和时钟改正数。伪距定位法定一次位的精度并不高，但定位速度快，经几个小时的定位也可达米级的精度，若在增加观测时间，精度还可提高。

4）载波相位测量

载波信号的波长很短，L_1 载波信号波长为 19 cm，L_2 载波信号波长为 24 cm。若把载波作为量测信号，对载波进行相位测量可以达到很高的精度。通过测量载波的相位而求得接收机到 GPS 卫星的距离，是目前大地测量和工程测量中的主要测量方法。

1.5.3.3 GPS 控制网等级

1. 控制网等级及其用途

全球导航卫星（GNSS）采用全球导航卫星无线电导航技术确定时间和目标空间位置的系统，包括 GPS、GLONASS、Galileo、北斗卫星导航系统等。目前高精度大地控制测量主要使用 GPS 系统。

按照国家标准《全球定位系统（GPS）测量规范》（GB/T 18314—2009），GPS 测量按其精度分为 A、B、C、D、E 五级。

（1）A 级 GPS 网由卫星定位连续运行基站构成，用于建立国家一等大地控制网，进行全球性的地球动力学研究、地壳变形测量和卫星精密定轨测量。

（2）B 级 GPS 测量主要用于建立国家二等大地控制网，建立地方或者城市坐标基准框架、区域性的地球动力学研究、地壳变形测量和各种精密工程测量等。

（3）C 级 GPS 测量用于建立三等大地控制网，以及区域、城市及工程测量的基本控制网等。

（4）D 级 GPS 测量用于建立四等大地控制网。

（5）E 级 GPS 测量用于测图、施工等控制测量。

2. 精度要求

各等级边长和精度如表 1-5-1、表 1-5-2 所示。

表 1-5-1 GPS A 级网精度

级别	坐标年变化率中误差/（mm/a）		相对精度	地心坐标各分量年平均中误差/mm
	水平分量	垂直分量		
A	2	3	1×10^{-8}	0.5

表 1-5-2　GPS B、C、D、E 级精度指标

级别	相邻点基线分量中误差/mm		相邻点间平均距离
	水平分量	垂直分量	
B	5	10	50
C	10	20	20
D	20	40	5
E	20	40	3

1.5.3.4　GPS 网布设

1. GPS 网技术设计

根据现行国家标准《全球定位系统（GPS）测量规范》（GB/T 18314—2009），A 级网是卫星定位连续运行基准站，本节 GPS 网设计则主要指 GPS B、C、D、E 级。GPS B、C、D、E 级网主要是为建立国家二、三、四等大地控制网，以及测图控制点。由于点位多，布设前应进行技术设计，以获取最优的布测方案。在技术设计前应根据任务的需要，收集测区范围已有的卫星定位连续运行基准站、各种大地点位资料、各种图片、地质资料，以及测区总体建设规划和近期发展方面的资料。

在开始技术设计时，应对上述材料分析研究，必要时进行实地勘察，然后进行图上设计。图上设计主要依据任务中规定的 GPS 网布设的目的、等级、边长、观测精度等要求，综合考虑测区已有的资料、测区地形、地质和交通状况。以及作业效率等情况，按照优化设计原则在设计图上标出新设计的 GPS 点的点位、点名、点号和级别，还应标出相关的各类测量站点、水准路线及主要的交通路线、水系和居民地等。制订出 GPS 联测方案，以及与已有的 GPS 连续运行基准站、国家三角网点、水准点联测方案。

技术设计后应上交野外踏勘技术总结和测量任务书与专业设计书（附技术设计图）。

2. GPS 网点选址与埋石

1）GPS 网选点基本原则

（1）GPS B 级点必须选在一等水准路线节点或一等与二等水准路线节点处，并建在基岩上，如原有水准节点附近 3 km 处无基岩，可选在土层上。

（2）GPS C 级点作为水准路线的节点时应选建在基岩上，如节点处无基岩或不利于今后水准联测，可选在土层上。

（3）点位应均匀布设，所选点位应满足 GPS 观测和水准联测条件。

（4）点位所占用的土地，应得到土地使用者或管理者的同意。

2）选点基本要求

（1）选点人员应由熟悉 GPS、水准观测的测绘工程师和地质师组成。选点前充分了解测区的地理、地质、水文、气象、验潮、交通、通信、水电等信息。

（2）实地勘察选定点位。点位确定后用手持 GPS 接收机测定大地坐标，同时考察卫星通视环境与电磁干扰环境，确定可用标石类型、记录点之记有关内容，实地竖立标志牌、拍摄照片。

（3）点位应选择在稳定坚实的基岩、岩石、土层、建筑物顶部等能长期保存及满足观测、扩展、使用条件的地点，并做好选点标记。

（4）选点时应避开环境变化大、地质环境不稳定的地区。应远离发射功率强大的无线发射源、微波信道、高压线（电压高于 20 万伏）等，距离不小于 200 m。

（5）选点时应避开多路径影响，点位周围应保证高度角 15°以上无遮挡，困难地区高度角大于 15°的遮挡物在水平投影范围总和不应超过 30°。50 m 以内的各种固定与变化反射体应标注在点之记环视图上。

（6）选点时必须绘制水准联测示意图。

（7）选点完成后提交选点图、点之记信息、实地选点情况说明、对埋石工作的建议等。

3）GPS 点建造

标石类型与适用等级如表 1-5-3 所示。具体标石建造要求见相关规范的规定。

表 1-5-3　GPS 控制网标石类型

等　级	可用标石类型
B 级点	基岩 GPS、水准共用标石
C 级点	基岩 GPS、水准共用标石；土层 GPS、水准共用标石
D 级点	基岩 GPS、水准共用标石；土层 GPS、水准共用标石；楼顶 GPS、水准共用标石

3. GPS 接收机检验

作业所用的 GPS 接收机及天线都必须送国家计量部门认可的仪器检定单位检定，检定合格后在有效期限内使用。在某些特殊情况或在使用过程中发现仪器有异常情况，可依照行业标准《全球定位系统（GPS）测量型接收机检定规程》（CH/T 8016）所述方法进行检验。

4. GPS 观测实施

GPS 土层点埋石结束后，一般地区应经过一个雨季，冻土深度大于 0.8 m 的地区还经过一个冻、解期，岩层上埋没的标石应经一个月，方可进行观测。

1）基本技术要求

（1）最少观测卫星数 4 颗。

（2）采样间隔 30 s。

（3）观测模式：静态观测。

（4）卫星截止高度角 10°。

（5）坐标和时间系统：WGS-84，UTC。

（6）观测时段及时长：B 级点连续观测 3 个时段，每个时段长度≥23 h；C 级点观测≥2

个时段，每个时段长度≥4 h；D级点观测≥1.6个时段，每个时段长度≥1 h；E级点观测≥1.6个时段，每个时段长度≥40 min。

2）观测设备

各等级大地控制网观测均应采用双频大地型GPS接收机。

3）观测方案

GPS观测可以采用以下两种方案：

（1）基于GPS连续运行站的观测模式。

（2）同步环边连接GPS静态相对定位观测模式：同步观测仪器台数≥5台，异步环边数≤6条，环长应≤1 500 km。

4）作业要求

（1）架设天线时要严格整平、对中，天线定向线应指向磁北，定向误差不得大于±5°。根据天线电缆的长度在合适的地方平稳安放仪器，将天线与接收机用电缆连接并固紧。

（2）认真检查仪器、天线及电源的连接情况，确认无误后方可开机观测。

（3）开机后应输入测站编号（或代码）、天线高等测站信息。

（4）在每时段的观测前后各量测一次天线高，读数精确至1 mm。

（5）观测手簿必须在观测现场填写，严禁事后补记和涂改编造数据。

（6）观测员应定时检查接收机的各种信息，并在手簿中记录需填写的信息，有特殊情况时，应在备注栏中注明。

（7）观测员要认真、细心地操作仪器，严防人或牲畜碰动仪器、天线和遮挡卫星信号。

（8）雷雨季节观测时，仪器、天线要注意防雷击，雷雨过境时应关闭接收机并卸下天线。

5）数据下载与存储

（1）观测时段结束后，应及时将观测数据下载。下载软件使用接收机配备的工具软件。数据下载工程中应监视数据传输时出现坏块的情况。数据下载后，应查阅提示信息，若未完全下载（<100%），或出现坏块，应重新调整数据参数设置，并再次下载数据。同时应立即经观测数据转换为RINEX格式文件，以检查原始数据下载是否正确。

（2）每天的原始数据使用一个子目录，每天的RINEX数据使用另一个子目录。子目录命名方式可采用"测站编号＋年代＋该天的年积日＋D"和"测站编号＋年代＋该天的年积日＋R"的形式（其中，D表示原始观测数据，R表示RINEX格式数据）。

（3）原始数据与RINEX数据必须在微机硬盘中保存到上交的数据检查验收完成后，并在不同的介质上备份。接收机中的内存容量尚有空余时，存储的观测数据不得删除。无论原始观测数据，还是RINEX格式数据均应做备份。

5. 外业数据检查与技术总结

1）数据质量检查

数据质量检查应该采用专门的软件进行，检查内容包括：

（1）观测卫星总数。

（2）数据可利用率（≥80%）。

（3）L_1、L_2频率的多路径效应影响 MP1、MP2 应小于 0.5 m。

（4）GPS 接收机时钟的稳定性不低于 10^{-8} 等。

　2）技术总结

外业技术总结编写执行 CH/T 1001—2005，应该包括的内容：任务的来源、任务内容、完成情况、测区概况、作业依据、采用的基准及已有资料利用情况、作业组织实施、仪器检验、质量控制、技术问题的处理、存在的问题和建议，提交成果内容等。

1.5.3.5　GPS 测量数据处理

1. 外业数据质量检核

外业观测数据质量检核主要包括以下内容：

（1）数据剔除率。同一时段内观测值的数据剔除率不应该超过 10%。

（2）复测基线的长度差。C、D 级网基线处理和 B 级网外业预处理后，若某基线向量被多次重复，则任意两个基线长度差 ds 应该满足以下式：

$$\mathrm{d}s \leqslant 2\sqrt{2}\sigma \tag{1-5-2}$$

式中　σ——相应级别规定的基线中误差，计算时边长按实际平均边长计算。

单点观测模式不同点间不进行重复基线、同步环和异步网的数据检验，但同一点间不同时段的基线数据长度较差，两两比较也应满足上式。

（3）同步观测环闭合差。三边同步环中只有两个同步边成果可以视为独立的成果，第三边成果应为其余两边的代数和。由于模型误差和处理软件的内在缺陷，第三边处理结果与前两边的代数和之间的差值，应该满足以下条件：

$$\omega_X \leqslant \frac{\sqrt{3}}{5}\sigma , \ \omega_Y \leqslant \frac{\sqrt{3}}{5}\sigma , \ \omega_Z \leqslant \frac{\sqrt{3}}{5}\sigma \tag{1-5-3}$$

对于四站或更多同步观测而言，应用上述方法检查一切可能的三边环闭合差。

（4）独立环闭合差及附合线路坐标闭合差。C、D 级网及 B 级网外业基线预处理结果，其独立闭合环或附合线路坐标闭合差应满足以下条件：

$$\omega_X \leqslant 3\sqrt{n}\sigma , \ \omega_Y \leqslant 3\sqrt{n}\sigma , \ \omega_Z \leqslant 3\sqrt{n}\sigma , \ \omega_s \leqslant 3\sqrt{3n}\sigma \tag{1-5-4}$$

2. GPS 网基线精处理结果质量检核

GPS 网基线精处理结果质量检核包括以下内容：

（1）精处理后基线分量及边长的重复性。GPS A、B 级网基线精处理后应计算基线 ΔX 分量、ΔY 分量、ΔZ 分量及边长的重复性。对基线边长、南北分量、东西分量和垂直分量的重复性还需进行固定误差和比例精度的拟合，以作为衡量基线精度的参考指标。

（2）各时间段的比较差。GPS B 级网，同一基线不同时间段的较差，应满足规范规定。

（3）独立环闭合差或者附合线路的坐标闭合差。GPS A、B 级网基线精处理后，独立环闭合差或附合路线的坐标闭合差、环线全长闭合差均应满足规范的相应规定。

3. GPS 网平差

使用 GPS 数据处理软件进行 GPS 网平差，首先提取基线向量，其次进行三维无约束平差，再次进行约束平差和联合平差，最后进行质量分析和控制。具体流程如图 1-5-2 所示。

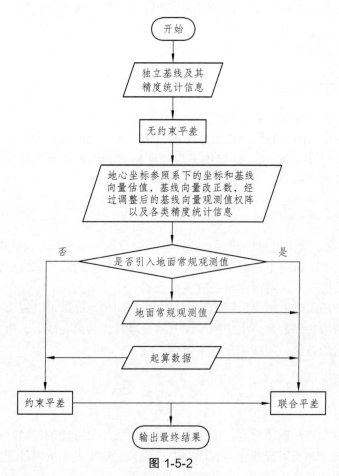

图 1-5-2

1）基线向量提取

进行 GPS 网平差，首先必须提取基线向量，构建 GPS 基线向量网。提取基线向量时需要遵循以下几项原则：

（1）必须选取相互独立的基线，若选取了不相互独立的基线，则平差结果会与真实的情况不相符合。

（2）所选取的基线应构成闭合的几何图形。

（3）选取质量好的基线向量，基线质量的好坏，可以依据 *RMS*、*RDOP*、*RATIO*、同步环闭和差、异步环闭和差和重复基线较差来判定。

（4）选取能构成边数较少的异步环的基线向量。

（5）选取边长较短的基线向量。

2）三维无约束平差

在构成了 GPS 基线向量网后，需要进行 GPS 网的三维无约束平差，通过无约束平差主要达到以下几个目的：

（1）根据无约束平差的结果，判别在所构成的 GPS 网中是否有粗差基线，如发现含有粗差的基线，需要进行相应的处理，必须使得最后用于构网的所有基线向量均满足质量要求。

（2）调整各基线向量观测值的权，使得它们相互匹配。

3）约束平差和联合平差

三维无约束平差后，需要进行约束平差或联合平差，平差可根据需要在三维空间进行或二维空间中进行。约束平差的具体步骤：

（1）指定进行平差的基准和坐标系统。

（2）指定起算数据。

（3）检验约束条件的质量。

（4）进行平差解算。

4）质量分析与控制

在这一步，进行 GPS 网质量的评定，在评定时可以采用下面两个指标：

（1）基线向量的改正数。根据基线向量的改正数的大小，可以判断出基线向量中是否含有粗差。

（2）相邻点的中误差和相对中误差。若在进行质量评定时，发现有质量问题，需要根据具体情况进行处理，如果发现构成 GPS 网的基线中含有粗差，则需要采用删除含有粗差的基线、重新对含有粗差的基线进行解算或重测含有粗差的基线等方法加以解决；如果发现个别起算数据有质量问题，则应该放弃有质量问题的起算数据。

1.5.3.6 举 例

现以 TBC 软件为例，介绍静态 GPS 测量数据处理过程：

GPS 数据解算为了满足我国现行的测量规范要求，通常解算过程分两部分组成，第一部分为基线解算部分，采用仪器随机软件或商业软件进行计算；第二部分为网平差部分，采用武汉大学开发的科傻 GPS 解算软件进行自由网和约束网平差。

1. 第一部分 基线解算：美国天宝 TBC 软件

1）新建工程（两种操作方式）

（1）菜单栏"文件"→"新建工程"。

（2）弹出如图 1-5-3 所示的对话框，选择界面右栏中"常见任务"→"开始新工程"。

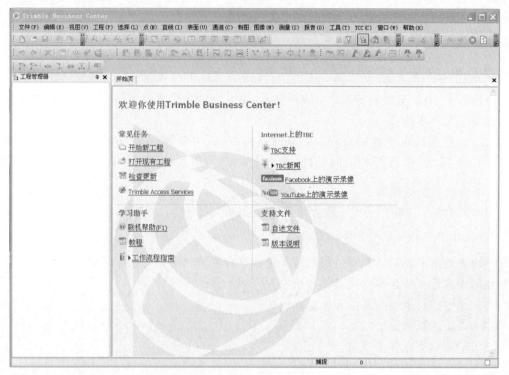

图 1-5-3

（3）在弹出的如图 1-5-4 所示的对话框中，选择"空模板"→"确定"。

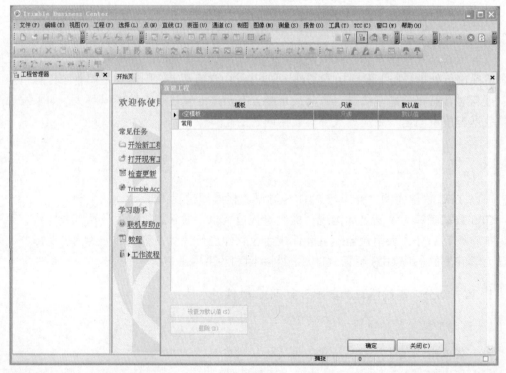

图 1-5-4

这样一个新的工程就建好了，保存工程，名称为："演示"，如图 1-5-5 所示。

图 1-5-5

2）修改参数

"新模板"各项参数为软件默认参数，与现行测量规范要求不同，通常在"新建工程"后要修改两项参数。

（1）修改卫星高度角。

选择菜单栏"工程"→"工程设置"，弹出如图 1-5-6 所示的对话框，在弹出栏左侧选择"基线处理"→"卫星"，在弹出栏右侧将"高度截止角"修改成：15.0deg，然后确定。

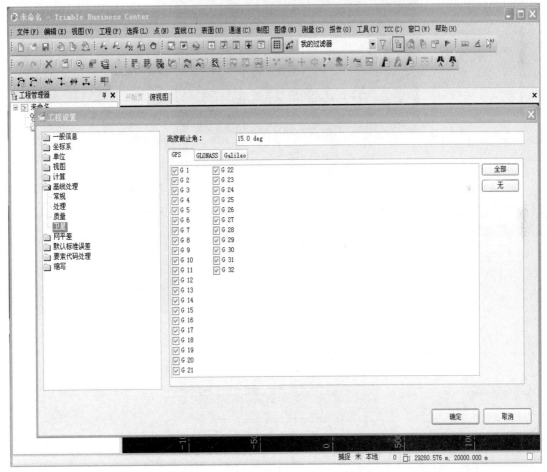

图 1-5-6

（2）修改报告限差指标。

选择菜单栏"报告"→"报告选项"，弹出如图 1-5-7 所示的对话框，在对话框的右侧选择"报告"→"GNSS 闭合环报告"。

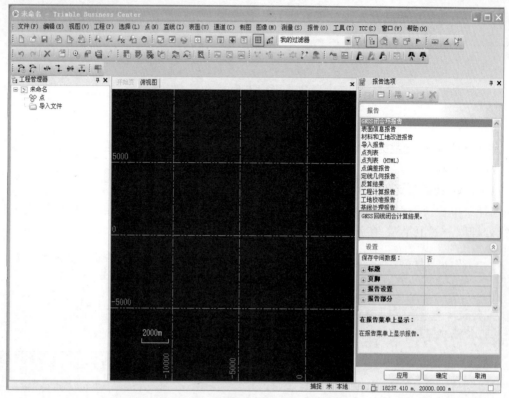

图 1-5-7

弹出如图 1-5-8 所示的对话框，然后选择"设置"→"报告设置"→"通过/不通过标准:"选择"Δ水平 + Δ竖向"，修改"Δ水平：0.030 m"，"Δ竖向：0.050 m"，然后确定，这样报告限差参数就设置完成了。

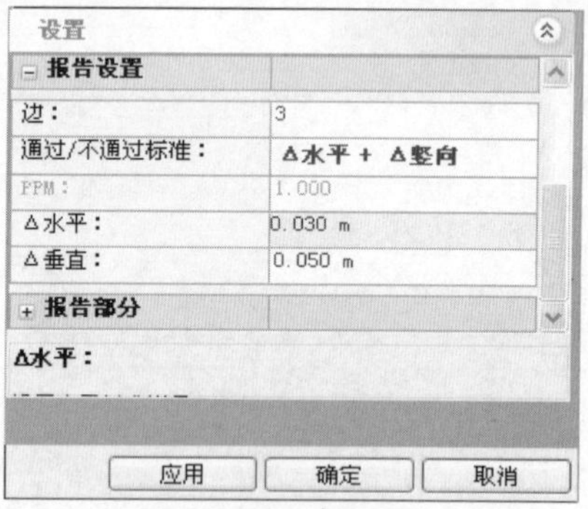

设置	
− 报告设置	
边:	3
通过/不通过标准:	Δ水平 + Δ竖向
PPM:	1.000
Δ水平:	0.030 m
Δ垂直:	0.050 m
+ 报告部分	
Δ水平:	

图 1-5-8

需要强调的是：设置Δ水平 + Δ竖向，数值为经验值，与规范无关。

3）导入数据（有两种操作方式）

（1）菜单栏"文件"→"导入"。

（2）快捷操作：点击菜单栏在界面右侧，首先选择原始文件的位置，点击"导入文件夹"，选择存放数据的文件夹，如图 1-5-9 右侧选择的数据，根据需要选择计算的数据，然后点击导入。

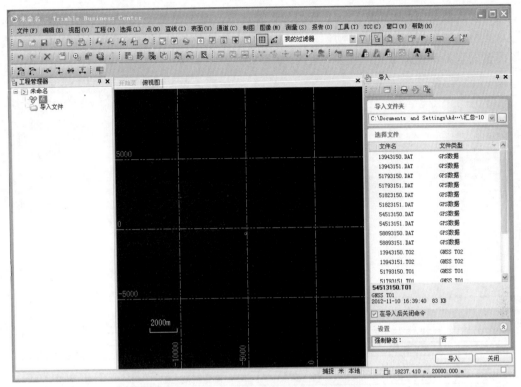

图 1-5-9

下一步根据 GPS 外业记录情况将要输入 GPS 接收机测站和时段信息。如图 1-5-10 所示，首先查看"点"，弹出如图 1-5-11 所示的点视图，如果不需要哪个数据在左侧复选框中取消对号即可"点 ID"为测站点名，"文件名"为数据编号，1~4 位为 GPS 接收机编号，5~7 为观测时间（自然年的第几天），最后 1 位为时段数，从 0 开始编码，如果上午 8 点之前开机，时段数以前一天依次排列。

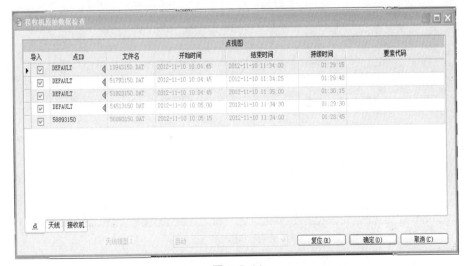

图 1-5-11

选择"天线",弹出如图 1-5-12 所示的天线视图,通常在里录入资料,"文件名"、"制造商"、"类型"、"序列号"软件自动识别,"方法"下拉菜单下选择"护圈中心","高度"填写现场测量的仪器高度。测量外业观测记录情况如图 1-5-13 所示。

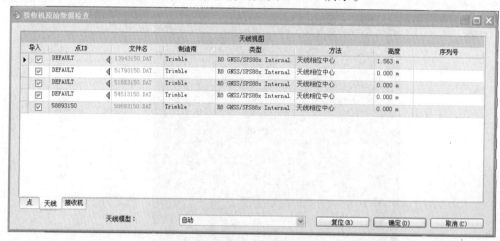

图 1-5-12

GPS静态测量外业观测记录						
时段号	开机时间		关机时间	等级		高铁二等
1	10:05		11:35	日期		11/10/2010
2	11:50		13:20	观测网型名称		CPI复测
同步观测点号	天线高(m)	量高方式	仪器类型	仪器编号	天线类型	观测者	备注
CPI426-1	1.641	护圈中心	Trimble R8	5179	R8/5800/sps79x Internal		5#
CPI427	1.609	护圈中心	Trimble R8	1394	R8/5800/sps79x Internal		4#
CPI428	1.361	护圈中心	Trimble R8	5889	R8/5800/sps79x Internal		3#
CPI429	1.858	护圈中心	Trimble R8	5451	R8/5800/sps80x Internal		1#
CPI430	1.368	护圈中心	Trimble R8	5182	R8/5800/sps81x Internal		2#

图 1-5-13

数据录入完后如图 1-5-14 所示,检查无误后点击确定。

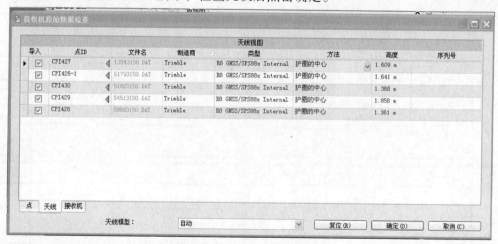

图 1-5-14

弹出图 1-5-15 所示的对话框,默认,确定。

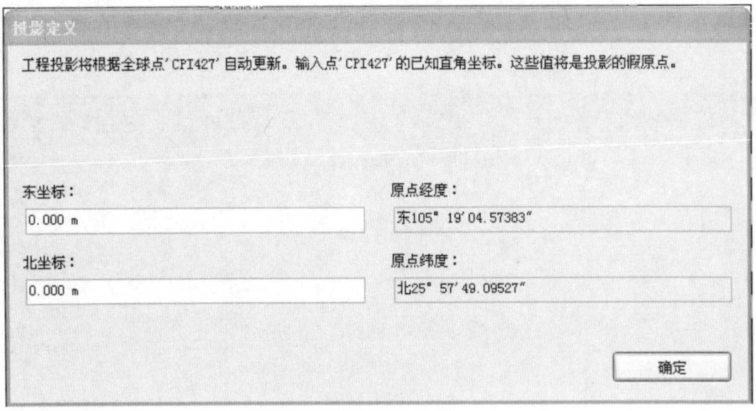

投影定义
工程投影将根据全球点'CPI427'自动更新。输入点'CPI427'的已知直角坐标。这些值将是投影的假原点。
东坐标：
0.000 m
原点经度：
东105° 19′04.57383″
北坐标：
0.000 m
原点纬度：
北25° 57′49.09527″
确定

图 1-5-15

这样数据录入就完成了。

4）基线解算

如图 1-5-16 所示，首先检查一下网形图中的点名、位置是否正确，无误后进行基线解算，基线解算有两种操作方式：

（1）菜单栏“测量”→“基线处理”。

（2）快捷操作。点击菜单栏开始解算基线，如图 1-5-17 所示：“解类型”必须是“固定”，“水平精度”、“垂直精度”越小越好，“RMS”为均方根，标示观测值的精度，0 为最好，根据经验超过 0.003 基线就存在问题。

演示 - Trimble Business Center
文件(F) 编辑(E) 视图(V) 工程(P) 选择(L) 点(N) 直线(I) 表面(U) 通道(C) 制图 图像(M) 测量(S) 报告(O) 工具(T) TCC(C) 窗口(W) 帮助(H)
我的过滤器
工程管理器
演示
点
时段
导入文件
开始页 俯视图
2000
0
-2000
-4000
CPI426-1
CPI427
CPI430
CPI429
CPI428
1000m
-8000
-6000
-4000
-2000
0
2000
捕捉 米 本地 0 12102.829 m, 8296.534 m

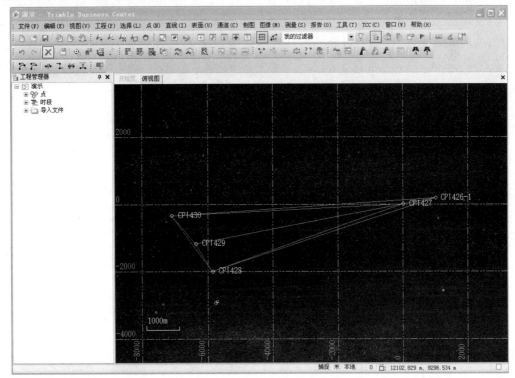

图 1-5-16

注意：图上有小旗标示说明此基线超出软件设置默认限差值。

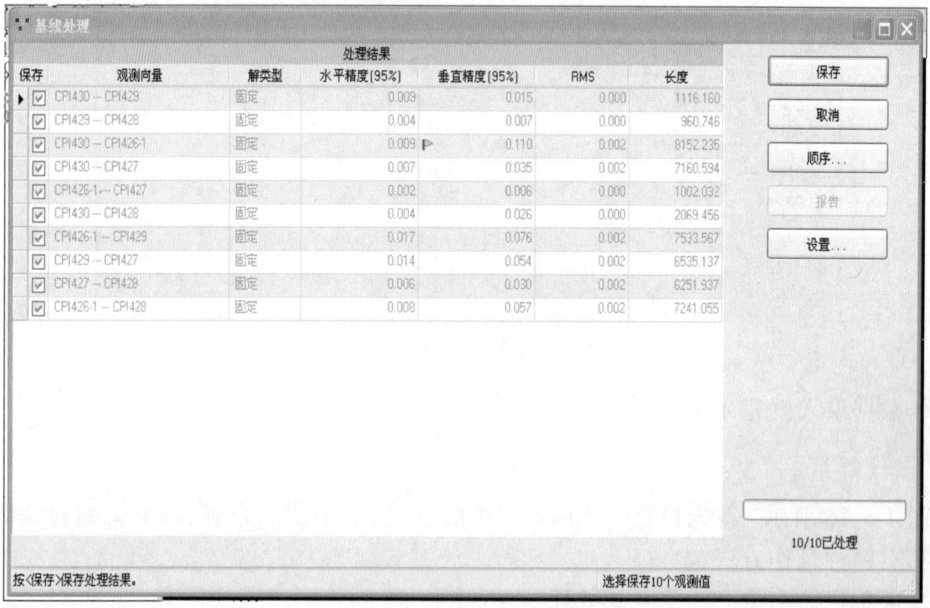

图 1-5-17

基线初步解算后查看 GNSS 环闭合情况：

① 菜单栏"测量"→"GNSS 闭合环"。

② 快捷键：

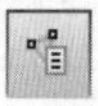

如图 1-5-18 所示 GNSS 闭合环解算情况，要求未通过数为 0，根据经验：最差Δ水平不能大于 3 cm，最差Δ垂直不能大于 5 cm，越小越好，经验值的大小和环长度成正比关系。

图 1-5-18

对于未通过的在 GNSS 闭合环报告中查看是哪些基线影响的：如图 1-5-19 所示，图中涉及的基线都要处理卫星残差，特别是多次出现的基线，注意重复基线长度是否差值过大，如果重复基线经过处理后还差值过大，一般是要返工重新观测的（PV7 7 为基线号，在基线重叠时按基线号选择）。

未通过环中的矢量观测						
矢量ID	开始	到	解类型	长度(米)	开始时间	出现次数
CPI429 --> CPI428（PV7）	CPI429	CPI428	固定	960.756	2012-11-10 10:05:15	3
CPI429 --> CPI427（PV6）	CPI429	CPI427	固定	6535.165	2012-11-10 10:05:00	2
CPI426-1 --> CPI428（PV9）	CPI426-1	CPI428	固定	7241.023	2012-11-10 10:05:00	2
CPI430 --> CPI429（PV4）	CPI430	CPI429	固定	1116.173	2012-11-10 10:05:00	2
CPI430 --> CPI428（PV8）	CPI430	CPI428	固定	2069.456	2012-11-10 10:05:15	2
CPI430 --> CPI427（PV3）	CPI430	CPI427	固定	7160.566	2012-11-10 10:04:45	2
CPI430 --> CPI426-1（PV2）	CPI430	CPI426-1	固定	8152.206	2012-11-10 10:04:45	2
CPI427 --> CPI428（PV10）	CPI427	CPI428	固定	6251.905	2012-11-10 10:05:15	1
CPI426-1 --> CPI429（PV5）	CPI426-1	CPI429	固定	7533.589	2012-11-10 10:05:00	1
CPI426-1 --> CPI427（PV1）	CPI426-1	CPI427	固定	1002.031	2012-11-10 10:04:45	1

图 1-5-19

单基线处理：

在图中选择偏差较大的基线进行处理，操作流程：

选取基线→查看基线处理报告→删除残差→基线处理→查看基线处理后精度。

具体操作：

① 在要处理的基线上左单击鼠标，选择要处理的基线，如："基线：CPI430～CPI428（B8）。

② 右单击查看基线处理报告,查看每个卫星残差情况,如图 1-5-20 所示。此图为 GPS17 号卫星 2012 年 11 月 10 日 10：05：30 至 11：34：00 观测的数据情况，从最上侧数值和残差曲线来看，17 号卫星在这个时段是全时段观测，数值比较理想，曲线平稳，不需要删减残差。

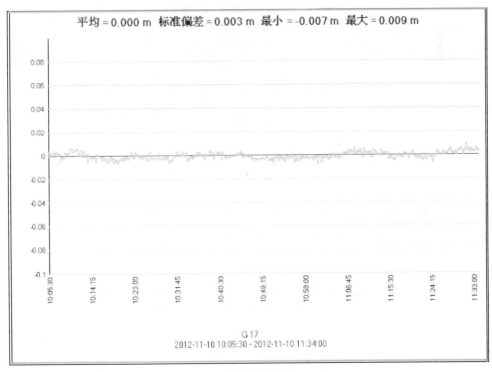

图 1-5-20

在如图 1-5-21 所示：7 号卫星，接收 7 号卫星数据不足 10 min，不满足规范要求的 30 min，卫星质量也不好，残差值最大已经达到 7.9 cm，一般要求残差值在 ±20 mm 内较好，所以 7 号卫星的数据全部删除。

③ 删除卫星和卫星残差，右单击选择"时段编辑器"，如图 1-5-22 所示，如删除 7 号卫星，单击界面左侧的 G7，这样 L₁ 和 L₂ 波段就变成灰色。

如果仅删除某个时间段的残差，首先选择要处理的卫星，选取起始时间，按鼠标左键拖动鼠标至结束时间处（拖动鼠标时图 1-5-23 正上方中间有时间显示）。

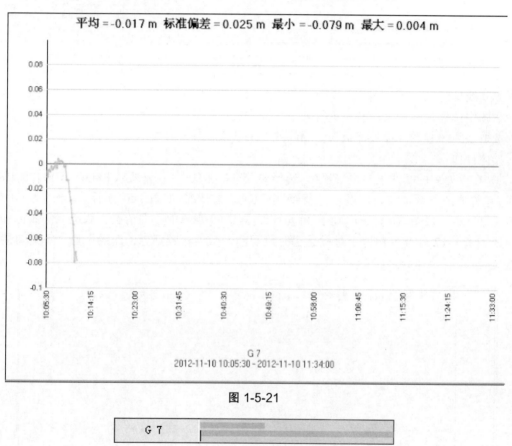

图 1-5-21

图 1-5-22

④ 对基线涉及残差大的卫星处理完成后，再次处理基线 ，查看处理后的效果，将所有残差大的基线处理完后，查看 GNSS 闭合环报告。

5）导出数据交换格式

在 GNSS 闭合环都通过后，TBC 的基线解算过程已经完成，需要将基线向量文件导出，使用科傻软件进行下一步计算，导出 ASC 数据交换格式步骤如下：

菜单栏"文件"→"导出"，或菜单栏快捷键 ，如图 1-5-24 所示，选择"文件格式"→"Trimble Data Exchange（TDEF）导出器。"；"数据"→"选择"→"全选"；"文件名"此项为自定义文件名和文件保存路径，设置完成后选择"导出"。

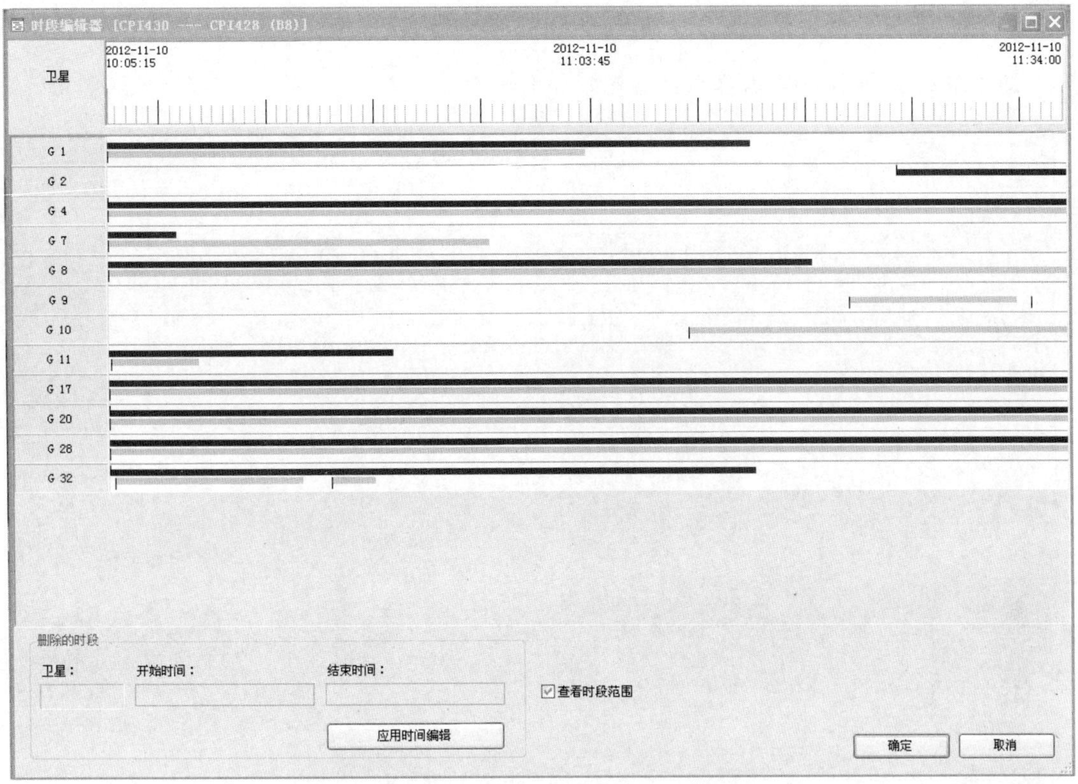
时段编辑器 [CPI430 --- CPI428 (B8)]
卫星
2012-11-10
10:05:15
2012-11-10
11:03:45
2012-11-10
11:34:00
G 1
G 2
G 4
G 7
G 8
G 9
G 10
G 11
G 17
G 20
G 28
G 32
删除的时段
卫星：
开始时间：
结束时间：
应用时间编辑
查看时段范围
确定
取消

图 1-5-23

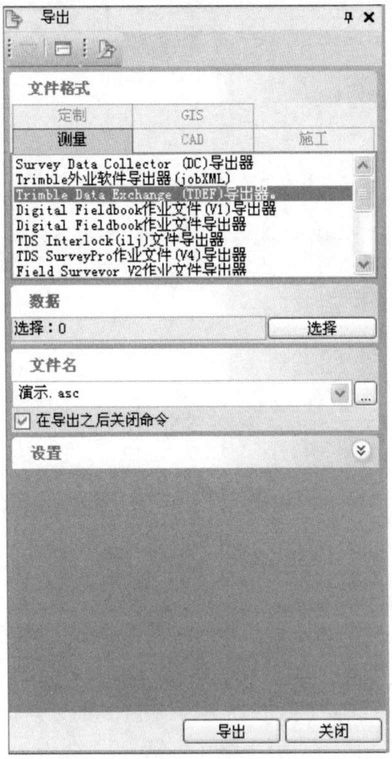
导出
文件格式
定制
GIS
测量
CAD
施工
Survey Data Collector (DC)导出器
Trimble外业软件导出器(jobXML)
Trimble Data Exchange (TDEF)导出器
Digital Fieldbook作业文件(V1)导出器
Digital Fieldbook作业文件导出器
TDS Interlock(ilj)文件导出器
TDS SurveyPro作业文件(V4)导出器
Field Surveyor V2作业文件导出器
数据
选择：0
选择
文件名
演示.asc
在导出之后关闭命令
设置
导出
关闭

图 1-5-24

2. 第二部分　网平差：武汉大学科傻 GPS 解算软件

图 1-5-25 为科傻 GPS 解算软件的初始界面。

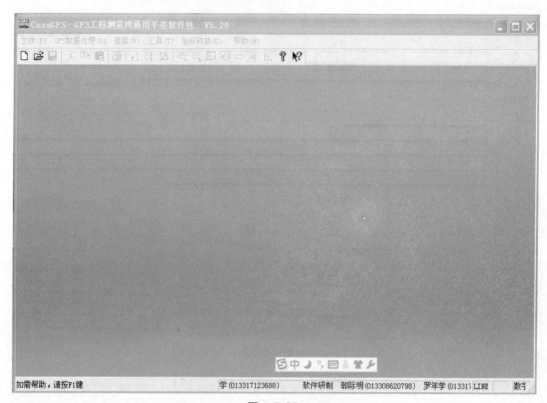

图 1-5-25

1）新建工程

"文件"→"新建工程"，如图 1-5-26 所示。

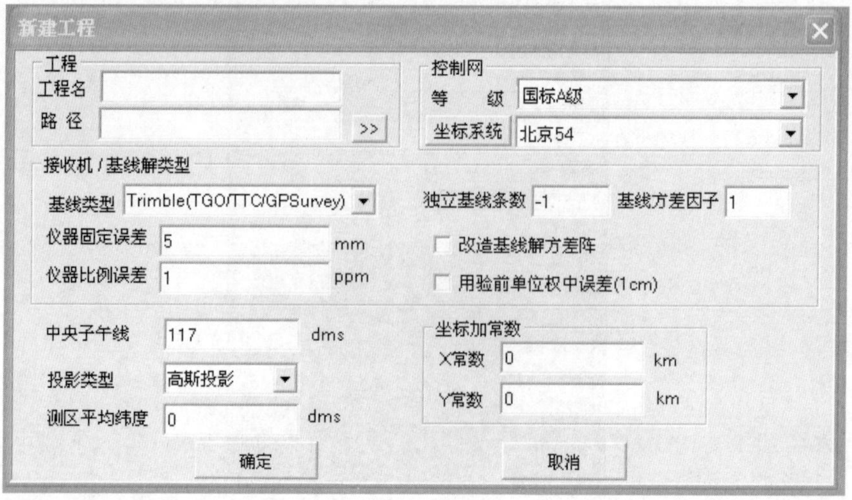

图 1-5-26

"工程名称"为：演示。

"路径"选择保存工程的位置，如：TBC 基线向量数据文件"演示.ASC"存放在所示 路径 F:\演示资料\演示 的文件夹下。

"控制网"选择信息为工程独立网所采用的等级和坐标系，如：高铁三等，54 坐标系，此信息由设计单位提供。

"接收机/基线解类型"：科傻支持多种品牌的 GPS 接收机，此次教程采用天宝 GPS 接收机，选择 Trimble(TGO/TTC/GPSurvey) 此项。

"仪器固定误差"、"仪器比例误差"：为仪器标称精度指标。

"中央子午线"：根据设计单位提供的中央子午线选定，如 117°，注意单位为：度分秒格式。

"投影类型"：默认。

"测区平均纬度"：根据设计单位提供的中央子午线选定，如：26° 注意单位为：度分秒格式。

"坐标加常数"：Y 常数为 500 km。

其他项：默认。

这样一个新工程就建成了，系统生成"演示.prj"文件，后期如果需要修改工程属性，可以在菜单栏："GPS 数据处理"→"设置"中修改，如图 1-5-27 所示，这时工程名称和路径是不能修改的。

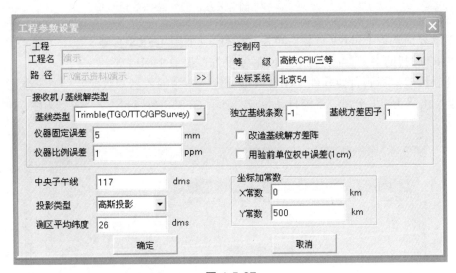

图 1-5-27

2）输入已知点信息

（1）在进行自由网平差之前，应填写"三维已知坐标"，如果不填写则不能进行三维无约束平差，三维已知坐标由设计单位提供或从 TBC 基线解算资料中提取，三维已知坐标一般只需用填写一个点的大地坐标或空间坐标，如提取 CPI429 大地坐标有两种方式，如图 1-5-28 所示。

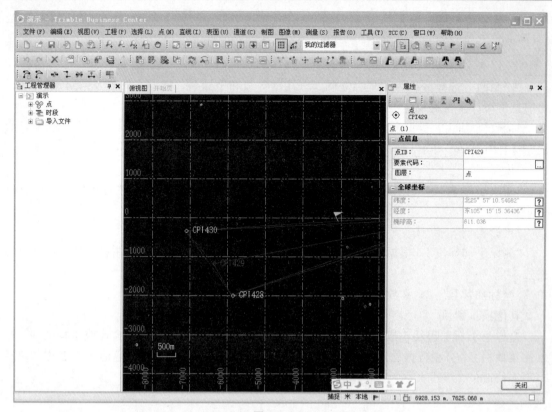

图 1-5-28

在图形界面选取 CPI429 点，右单击"属性"，如图 1-5-28 右侧。

在 TBC 进行网平差 ⊕ ，调取"网平差报告"提取坐标信息。

在复制大地坐标到科傻软件"GPS 数据处理"→"输入已知数据"→"三维已知坐标"。
注意：单位格式为：度分秒，系统自动生成"演示.GPS3dKnownXYZ"这个文件，如图 1-5-29
所示。

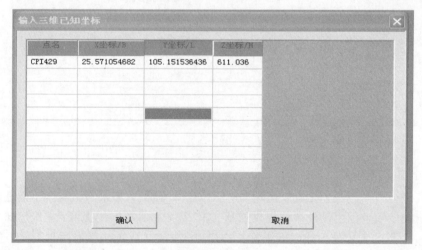

图 1-5-29

（2）根据施工控制网已知点的情况，填写"二维已知点坐标"，注意，二维已知点最好选取 3 个点或更多，保存后系统生成"演示.GPS2dKnownXY"起算点文件；填写两个已知点，如果输入错误，科傻软件也可以平差，成果显示的精度也复核规范要求，但是数据是错误的。

3）导入 TBC 解算的基线向量文件

（1）菜单栏"GPS 数据处理"→"读取同步基线数据"，如图 1-5-30 所示，从左侧"待选基线文件"中选取要处理的基线向量文件，导入右侧"已选基线文件"后确定，这样系统就建立了。

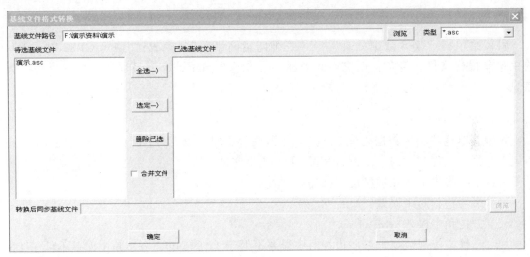

图 1-5-30

（2）形成独立基线文件：菜单栏"GPS 数据处理"→"形成独立基线文件"，如图 1-5-31 所示。从左侧"待选基线文件"中选取基线文件导入右侧"已选基线文件"，在生成独立基线方式中选择"全选"，确定，系统自动生成"演示.GPS3dVector"文件。

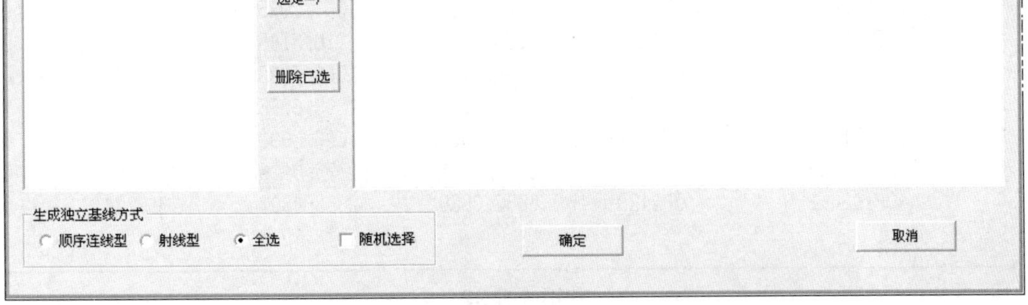

图 1-5-31

4）异步环计算

科傻菜单栏“工具”→“异步环闭合差计算”，生成异步环闭合差计算结果：“演示.GPS3dMisclosure”，根据工程属性中设置的等级，解算结果中自动套用限差，标示出“合格”或“超限”。

5）重复基线计算

科傻菜单栏“工具”→“重复基线”，生成：“演示.GPS3dRepeatBaseline”文件，根据工程属性中设置的等级，解算结果中自动套用限差，标示出“合格”或“超限”。

6）无约束平差

科傻菜单栏“GPS 数据处理”→“三维向量网平差”，生成：“演示.GPS3dResult”无约束平差报告文件，包含：点位空间坐标、三维基线向量残差、最弱边精度、误差椭圆等信息。

7）约束平差

科傻菜单栏“GPS 数据处理”→“二维网联合/约束平差”，生成：“演示.GPS2dResult”约束平差报告文件和“演示.GPS2dXY”平差成果文件。

约束平差报告中有几项精度指标需要检查：

（1）最弱边相对中误差：MS：S。

（2）方位角中误差：MA（s）。

如：高铁二等规范要求最弱边相对中误差不低于 1/180 000，方位角中误差不低于 1.3″。

科傻软件在数据处理时人工干预少，如果出现“超限”情况，须在 TBC 软件中再次处理卫星残差，直到通过为止。

科傻 GPS 数据处理软件可以禁止基线参与网平差，这样就可以达到删除基线的效果，在“形成独立基线文件”后，如图 1-5-32 所示。

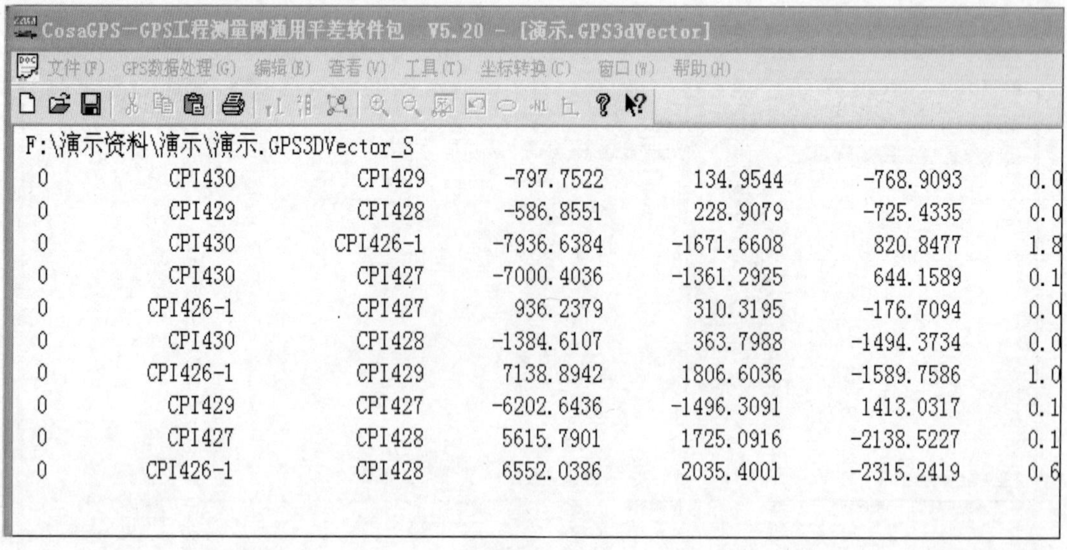
CosaGPS－GPS工程测量网通用平差软件包　V5.20 － [演示.GPS3dVector]
文件(F)　GPS数据处理(G)　编辑(E)　查看(V)　工具(T)　坐标转换(C)　窗口(W)　帮助(H)
F:\演示资料\演示\演示.GPS3DVector_S
0　CPI430　CPI429　-797.7522　134.9544　-768.9093　0.0
0　CPI429　CPI428　-586.8551　228.9079　-725.4335　0.0
0　CPI430　CPI426-1　-7936.6384　-1671.6608　820.8477　1.8
0　CPI430　CPI427　-7000.4036　-1361.2925　644.1589　0.1
0　CPI426-1　CPI427　936.2379　310.3195　-176.7094　0.0
0　CPI430　CPI428　-1384.6107　363.7988　-1494.3734　0.0
0　CPI426-1　CPI429　7138.8942　1806.6036　-1589.7586　1.0
0　CPI429　CPI427　-6202.6436　-1496.3091　1413.0317　0.1
0　CPI427　CPI428　5615.7901　1725.0916　-2138.5227　0.1
0　CPI426-1　CPI428　6552.0386　2035.4001　-2315.2419　0.6

图 1-5-32

上图左侧显示"0"为程序默认此基线参与计算，将"0"修改成1或其他数字后程序将不使用此基线边参与计算。

8）成果整理

使用 Excel 打开"演示.GPS2dXY"文件排版即可。（代码：K 为已知点或起算点，U 为平差点或加密点）

1.5.4　相关案例

【案例 1】　　　　　　　　　　　××高铁平面控制测量

1. 任务概况

××高速铁路××段（DK665＋100～DK1309＋150），正线长度 646.207 km 的线路，施测基础平面控制网（B 级 GPS 平面控制网）、线下施工控制测量（C 级 GPS 平面控制网、既有四等 GPS 网联测）。

2. 任务基本技术要求

平面坐标系采用 30 分带宽的投影，采用 WGS-84 椭球参数，保证投影长度变形值不大于 10 mm/km。中央子午线如表 1-5-4 所示。

表 1-5-4

起点里程	终点里程	中央子午线
DK665＋100	DK713＋999.744	117°30′00″
DK714＋000	DK759＋000	117°00′00″
DK759＋000	DK885＋710.37（断链前）	117°30′00″
DK885＋710.37（断链前）	DK953＋000	118°00′00″
DK953＋000	DK1013＋435.51（断链前）	118°30′00″
DK1013＋000（断链后）	DK1067＋300	119°00′00″
DK1067＋300	DK1122＋500	119°30′00″
DK1122＋500	DK1169＋000	120°00′00″
DK1169＋000	DK1238＋500	120°30′00″
DK1238＋500	DK1287＋999.17	121°00′00″
DK1287＋999.17	终　点	121°30′00″

为了满足《客运专线铁路无砟轨道工程测量技术暂行规定》对投影变形控制值不大于 10 mm/km 的要求，投影面大地高的取值提高，高程抵偿面按表 1-5-5 分段。

表 1-5-5

起点里程	终点里程	中央子午线	投影面大地高/m	最大投影变形值/（mm/km）
DK665 + 100	DK714 + 000	117°30′00″	40	9.4
DK714 + 000	DK759 + 000	117°00′00″	30	8.5
DK759 + 000	DK858 + 500	117°30′00″	30	8.4
DK858 + 500	DK885 + 710	117°30′00″	70	8.3
DK885 + 710	DK940 + 400	118°00′00″	70	7.9
DK940 + 400	DK953 + 000	118°00′00″	40	10.0
DK953 + 000	DK1013 + 435	118°30′00″	25	8.1
DK1013 + 435	DK1067 + 300	119°00′00″	30	8.7
DK1067 + 300	DK1122 + 500	119°30′00″	15	9.4
DK1122 + 500	DK1169 + 000	120°00′00″	15	9.8
DK1169 + 000	DK1238 + 500	120°30′00″	10	7.7
DK1238 + 500	DK1287 + 999	121°00′00″	10	8.3
DK1287 + 999	DK1305 + 121	121°30′00″	20	7.7

GPS B 级点（CPI）最弱边相对中误差小于 1/170 000，基线边方向中误差不大于 1.3″，相邻点的相对点位中误差小于 $5 + D × 10^{-6}$ mm，采用全站仪测量 CPII 时，CPI 以点间距为 4 km 设一点对，点对间间距不小于 1 km 且必须通视。当采用 GPS 测量 CPII 时，CPI 点间距为 4 km，不做点对；C 级 GPS 点（CPII）最弱边相对中误差小于 1/100 000，基线边方向中误差不大于 1.7″；C 级 GPS 点间距为 1 000～800 m，要求前后点通视，至少有一个点与之通视。

3. 控制点布设要求

沿铁路设计中线两侧 50～1 000 m 布设 GPS B 级网点，按"基本技术要求"中规定的点间距布设。在沿线大型桥梁、隧道处考虑加布点。为兼顾 GPS 网形，在实地条件允许时，CPI 可在铁路中心线两侧错开布点。为保证通视，CPII 在距离线路中心线 50～150 m 内沿线路一侧布设。CPII 如要跨线路布设，则必须考虑路基对通视的影响。

1）选点。点位选在地质情况稳定、地基坚实，且地下水位较低，利于 GPS 观测，能长期保存的稳定区域。

（1）点位必须选择在四周开阔的区域，在地面高度角 15°内不应有成片的障碍物。点位选取时必须与施工单位协商，保证点位不被破坏。

（2）点位应选择在交通方便，且利于安全作业的地方。

（3）点位附近不应有大面积水域或其他强烈干扰卫星信号接收的物体（如金属广告牌等）。

（4）点位须远离大功率无线电发射源（如电视台、电台、微波站等），其距离不得小于 200 m，并远离高压输电线其距离不得小于 50 m。

2）埋石。标石坑以选点所确定的位置为中心挖掘，标石坑大小以方便作业为准，深度 CPI 不小于 1.4 m，CPⅡ不小于 1.1 m。采用现浇标石在施工时必须充分搅拌并捣实，埋石时不用回填土，全部采用混凝土回填，并夯实；采用预制标石在施工时必须先在标石坑底部采用贫混凝土，回填时标石四周分别采用贫混凝土和素土回填，并夯实。

4. GPS 观测及内业数据处理

（1）坐标基准：WGS-84 坐标系，参考历元 2 000.0。

（2）时间：GPS 观测和记录采用 UTC 协调世界时（UTC＝北京时间－8 时）。

（3）GPS B 级网技术和精度指标：在观测 CPI、CPⅡ同时，每隔 10～20 km 观测一个既有 GPS D 级点，其观测技术指标同 CPⅡ，如表 1-5-6 所示。

表 1-5-6

GPS 测量的点	CPI	CPⅡ
观测模式	静态观测	静态观测
卫星高度角	15°	≥15
有效卫星总数	≥6 颗	≥4
平均重复设站数	≥2（边连接）	≥1
观测时段数	2	1～2
时段长度	≥90 min	≥60
采样间隔	15 s	15～60
PDOP 值	≤6	≤8

GPS B 级网最弱边边长相对中误差应小于 1/170 000。

GPS C 级网最弱边边长相对中误差应小于 1/100 000。

（4）设站。

① 作业前，光学（激光）对点器与基座必须严格检查校准，在作业过程中应经常检查保持正常状态。对中误差小于 1 mm。

② 天线安置应严格对中、整平并指北，正确量取至厂商指定的天线参考点高度，并须获得厂商提供的参考点至天线相位中心改正常数，以便于在随后的数据处理中精确计算天线高。

③ 天线高每时段测前（必须在开机之前）和测后（必须在关机之后）各量取一次，每次应在相同的位置，从天线 3 个不同方向（间隔 120°）量取，或用接收机天线专用量高器量取，两次量取误差不大于 ±2 mm 时，取平均值记入观测手簿。

④ 测站上所有规定作业项目经认真检查均符合要求，记录资料完整无缺，将点位恢复原状后方可迁站。

⑤ 在有效观测时段内，如中途断电，则该时段必须重测。因观测环境及卫星信号等原因造成数据记录中断累计时间超过 25 min，则该时段重测。同步环内，如同步观测时间小于 80 min，则该时段重则。

⑥ 每一同步环观测两个时段，前后时段仪器尽量保持一致，严格对中整平，尽量避免因多次安置仪器对重复基线较差带来的影响。

⑦ 同一时段观测时间不允许跨 UTC 时间 0 时，即北京时间早上 8 时。

⑧ 以"点号＋年积日＋时段号"构成数据文件名。

例：CPI209 298 1 2，CPI209 为点号；298 为年积日；1 为该点同步环流水号；2 为时段号。

（5）大地点联测。在网段的起点、中间、终点附近各联测一个国家一等三角点，至少要有两个点。在起、终点的一等三角点必须与邻网保持一致。

（6）内业数据处理：

① 原则上 GPS 网基线解算采用仪器商提供的随机软件，网平差采用鉴定合格的专门软件。

② 每天要对观测数据进行同步环和异步环、重复基线进行计算检核。及时进行观测数据的处理和质量分析，检查其是否符合规范和技术设计要求。单基线解算不合格时，要分析原因。

解算出每一时段的基线向量边后，并计算出该观测时段同步环坐标分量闭合差。当各基线的同步观测时间超过观测时段的 80% 时，其闭合差应符合下式要求。

$$W_X \leqslant (\sqrt{n}/5) \times \sigma$$
$$W_Y \leqslant (\sqrt{n}/5) \times \sigma$$
$$W_Z \leqslant (\sqrt{n}/5) \times \sigma$$
$$W_Z = \sqrt{W_X^2 + W_Y^2 + W_Z^2} \leqslant (\sqrt{3n}/5) \times \sigma$$

由独立观测边组成的异步环的坐标分量闭合差应符合下式：

$$V_X \leqslant 3\sqrt{n} \times \sigma$$
$$V_Y \leqslant 3\sqrt{n} \times \sigma$$
$$V_Z \leqslant 3\sqrt{n} \times \sigma$$
$$V \leqslant 3\sqrt{3n} \times \sigma$$

同一边任意两个时段成果互差应小于 GPS 接收机标准差的 $2\sqrt{2}$ 倍。当检查发现，观测数据不能满足要求时，应对成果进行全面分析，必要时应采取补测或重测（见表 1-5-7）。

表 1-5-7　GPS 测量的精度指标

级　别	B	C	D	E
a/mm	≤8	≤10	≤10	≤10
b/（mm/km）	≤1	≤5	≤10	≤20

注：a——固定误差（mm）；b——比例误差系数。

各级 GPS 网相邻点间弦长精度表示为：

$$\sigma = \sqrt{a^2 + (b \times d)^2} \qquad\qquad (1\text{-}5\text{-}5)$$

式中　σ——中误差（mm）；

　　　d——相邻点间距离（km）。

当各项要求符合标准后，应以全网有效观测时间最长网点的 WGS-84 三维坐标作为起算数据，进行 GPS 网的无约束平差。基线向量的改正数（$V_{\Delta x}$，$V_{\Delta y}$，$V_{\Delta z}$）绝对值应在规定限差（3σ）之内。

③ 在无约束平差确定的有效观测基础上，进行三维约束平差。约束平差中，基线向量的改正数与剔除粗差后无约束平差结果的同名基线相应改正数的较差（$\mathrm{d}\Delta x$，$\mathrm{d}\Delta y$，$\mathrm{d}\Delta z$）应不大于规定限差（2σ）要求。基线精度式为：

$$\sigma = \sqrt{a^2 + (b \times d \times 10^{-6})^2}$$

进行计算，式中固定误差 $a = 8\,\mathrm{mm}$，$b = 1\,\mathrm{mm/km}$，d 为基线长度，以 km 为单位。

1.5.5　知识拓展——GPS 测量误差分析

在 GPS 定位中，主要误差来源可分为 3 种：

（1）与 GPS 卫星有关的误差，主要包括卫星星历误差、卫星钟误差及相对论效应误差等。

（2）与信号传播有关的误差，主要包括电离层折射、对流层折射以及多路径效应等。

（3）与接收机有关的误差，主要包括接收机钟误差、天线相位中心变化等。

在此，我们主要研究这些误差的性质对定位的影响以及削弱或消除应采取的措施。

1. 与卫星有关的误差

1）卫星钟误差

由于卫星的位置是时间的函数，所以 GPS 的观测量，均以精密测时为依据。而与卫星位置相应的时间信息，是通过卫星信号的编码信息传送给用户的。在 GPS 定位中，无论是码相位观测或载波相位观测，均要求卫星钟与接收机钟保持严格同步。在实际上，尽管 GPS 卫星装有稳定性很好的原子钟，但它们还会偏离 GPS 理想时间，仍然存在着难以避免的偏差或漂移。这种偏差的总量约在 1 ms 以内，由此引起的等效距离误差，约可达 300 km。

对于卫星钟的这种偏差，一般可以通过对卫星钟运行状态的连续监测而精确地确定，并表示为二阶多项式的形式：

$$\delta t^j = a_0 + a_1(t - t_{0e}) + a_2(t - t_{0e})^2 \qquad\qquad (1\text{-}5\text{-}6)$$

式中　t_{0e}——参考历元；

　　　a_0——卫星钟误差；

　　　a_1——卫星钟的钟速（或频率偏差）；

　　　a_2——卫星钟的钟速变率（或老化率）。

这些数据是由卫星的主控站测定的。

经过以上钟差模型改正后，各卫星钟之间的同步差，可保持在 20 ns 以内，由此引起的等效距离偏差将不会超过 6 m。卫星钟差或经过改正后的残差，在相对定位中，可以通过观测量求差的方法消除。

2）卫星轨道偏差

估计与处理卫星的轨道误差一般比较困难，其主要原因是，卫星在运动中要受到多种摄动力的复杂影响，而通过地面监测站，又难以充分可靠地测定这些作用力，并掌握它们的作用规律。目前，用户通过导航电文，所得到的卫星轨道信息，其相应的位置误差为 20～40 m，但随着摄动力模型和定轨技术的不断完善，卫星的位置精度将可提高到 5～10 m。

在 GPS 定位中，根据不同的要求，处理卫星轨道误差的方法原则有以下 3 种。

（1）忽略轨道误差。简单认为，由导航电文所获知的卫星轨道信息，是不含误差的。很明显，这时卫星轨道实际存在的误差，将成为影响定位精度的主要因素之一。这一方法，广泛地应用于实时单点定位工作中。

（2）采用轨道改进法处理观测数据。这一方法的基本思想是，在数据处理中，引入表征卫星轨道偏差的改正参数，并假设在短时间内这些参数为常量，将其作为待估量与其他未知参数一并求解。

（3）同步观测值求差。主要是利用在两个或多个观测站上，对同一卫星的同步观测值求差，以减弱卫星轨道误差的影响，由于同一卫星的位置误差，对不同观测站同步观测量的影响具有系统性质，可以明显地减弱卫星轨道误差的影响，尤其当基线较短时，其有效性甚为明显。该方法对于精密相对定位，具有极其重要的意义。

2. 卫星信号的传播误差

1）电离层折射误差

电离层一般指在地球 50～1 000 km 内的大气层。在电离层中，气体受太阳辐射作用而被电离，卫星信号传播速度发生变化，从而引起时延。GPS 卫星信号和其他电磁波信号一样，当其通过电离层时，将受到这一介质弥散特性的影响，使信号的传播路径发生变化。电离层对信号传播路径影响的大小，主要取决于电子总量（又称电子密度）和信号频率。

对于 GPS 卫星信号来说，在夜间当卫星处于天顶方向时，电离层折射对信号传播路径的影响将小于 5 m；在白天正午前后，当卫星接近地平线时，其影响可能大于 150 m。为了减弱电离层的影响，在 GPS 定位中通常采取以下措施。

（1）双频接收机码相位测量。

由于电离层的影响是信号频率的函数，所以，利用不同频率的电磁波信号进行观测，便可以确定其影响的大小，以便对观测量加以修正。

假设，$\Delta_{Ig}(L_1)$ 为用 L_1 载波的码观测时，电离层对距离观测值的影响，而 $\tilde{\rho}_{f1}$ 和 $\tilde{\rho}_{f2}$ 分别为根据载波 L_1 和 L_2 的码观测所得到的伪距，并取 $\delta\rho = \tilde{\rho}_{f1} - \tilde{\rho}_{f2}$，于是有：

$$\Delta_{Ig}(L_1) = -1.545\,7\delta\rho \tag{1-5-7}$$

对于载波相位观测量的影响有：

$$\delta\varphi_{IP}(L_1) = -1.545\,7(\varphi_{f1} - 1.283\,3\varphi_{f2}) \tag{1-5-8}$$

式中　$\delta\varphi_{IP}(L_1)$——用频率 f_1 的载波观测时，电离层折射对相位观测量的影响；

　　　　φ_{f1}、φ_{f2}——相应于频率 f_1 和 f_2 的载波相位观测量。

实践表明，利用模型进行修正，其消除电离层影响的有效性，将不低于 95%。因此，具有双频的 GPS 接收机，在精密定位工作中得到了广泛的应用。应当注意的是，在太阳辐射强烈的正午，或在太阳黑子活动的异常期，虽经过上述模型的修正，但由于模型的不完善而引起的残差，仍可能是明显的。这在拟定精密定位的观测计划中，应慎重考虑。

（2）利用电离层模型加以修正。

对于单频 GPS 接收机的用户，为了减弱电离层的影响，一般采用由导航电文所提供的电离层模型，或其他适宜的电离层模型对观测量加以改正。但是，这种模型至今仍在完善中。目前，模型改正的有效性约为 75%，也就是说，当电离层对距离观测值的影响为 20 m 时，修正后的残差仍可达 5 m。

（3）利用同步观测值求差。

主要是利用两台或多台接收机，对同一组卫星的同步观测值求差，以减弱电离层折射的影响。尤其当观测站的距离较近时（如小于 20 km），由于卫星信号到达不同测站的路径相近，所经过的介质状况相似，所以通过不同观测站对相同卫星的同步观测值求差，便可显著地减弱电离层折射影响，其残差将不会超过 $1\times10^{-6}D$。对单频 GPS 接收机的用户，这一方法尤为明显。

2）对流层折射的误差

靠近地面 50 km 范围内的对流层折射影响比电离层折射影响更为严重。这是因为对 L 波段的无线电波信号不存在色散现象，因此也不能试图用双频的办法来解决它的影响。另外，如果两测站间距离较远，由于 GPS 信号传播路径上的对流层折射彼此不相关，所以企图用求差办法来减弱它们影响的效果也不显著。目前，对对流层折射的误差，一般有以下几种处理方法：

（1）定位精度不高时，可以简单地忽略。

（2）采用对流层模型加以修正。

（3）引入描述对流层影响的附加待估参数，在数据处理中一并求解。

（4）观测量求差。与电离层的影响相类似，当两观测站相距不太远时（<20 km），由于信号通过对流层的路径相近，对流层的物理特性相似，所以对同一卫星的同步观测值求差，可以明显减弱对流层折射的影响。因此，该方法在精密相对定位中，应用甚为广泛。不过，随着同步观测站之间距离的增大，地区大气状况的相关性很快减弱，这一方法的有效性也将随之降低。根据经验，当距离>100 km 时，对流层折射对 GPS 定位精度的影响，将成为决定性的因素之一。

3）多路径效应的误差

多路径效应亦称多路径误差，是指接收机天线除直接收到卫星发射的信号外，还可能收到经天线周围地物一次或多次反射的卫星信号，信号叠加将会引起测量参考点（相位中心点）位置的变化，从而使观测量产生误差，而且这种误差随天线周围反射面的性质而异，难以控制。根据实验资料表明，在一般反射环境下，多路径效应对测码伪距的影响可达到米级，对测相伪距的影响可达到厘米级。而在高反射环境下，不仅其影响将显著增大，而且常常导致接收的卫星信号失锁和使载波相位观测量产生周跳。因此，在精密 GPS 导航和测量中，多路径效应的影响是不可忽视的。

目前减弱多路径效应影响的措施有：

（1）安置接收机天线的环境，应避开较强的反射面，如水面、平坦光滑的地面以及平整的建筑物表面等。

（2）选择造型适宜且屏蔽良好的天线等。

（3）适当延长观测时间，削弱多路径效应的周期性影响。

（4）改善 GPS 接收机的电路设计，以减弱多路径效应的影响。

3. 接收设备有关的误差

1）观测误差

观测误差包括观测的分辨误差及接收机天线相对于测站点的安置误差等。

根据经验，一般认为观测的分辨误差约为信号波长的 1%。由此，对 GPS 码信号和载波信号的观测精度，如表 1-5-8 所示。由于此项误差属于偶然误差，可适当地增加观测量，将会明显地减弱其影响。

表 1-5-8

信号	波长	观测误差
P 码	29.3 m	0.3 m
C/A 码	293 m	2.9 m
载波 L_1	19.05 cm	2.0 mm
载波 L_2	24.45 cm	2.5 mm

接收机天线相对于观测站中心的安置误差，主要是天线的置平与对中误差以及量取天线高的误差。例如，当天线高度为 1.6 m 时，如果天线置平误差为 0.1°，则由此引起的光学对中器的对中误差，约为 3 mm。在精密定位工作中，必须认真，仔细操作，以尽量减小这种误差的影响。

2）接收机的钟差

尽管 GPS 接收机设有高精度的石英钟，其日频率稳定度可以达到 10^{-6}，但对载波相位观测的影响仍是不可忽视的。

处理接收机钟差较为有效的方法是：在每个观测站上，引入一个钟差参数，在数据处理中与观测站的位置参数一并求解。这时，如假设在每一观测瞬间，钟差都是独立的，则处理较为简单。所以这一方法广泛被应用于实时动态绝对定位中。在静态绝对定位中，也可像卫星钟那样，将接收机钟差表示为多项式的形式，并在观测量中平差计算中，求解多项式的系数。

3）载波相位观测的整周未知数

载波相位观测是当前普遍采用的最精密的观测方法，由于接收机只能测定载波相位非整周的小数部分，而无法直接测定载波相位整周数，因而存在整周不定性问题。这是载波相位观测的主要缺点。

另外，载波相位观测，除了存在上述整周未知数之外，在观测过程中，还可能发生整周跳变问题。当用户接收机收到卫星信号并进行实时跟踪后，载波信号的整周数，便可由接收机自动地计数。但是在中途，如果卫星的信号被阻挡或受到干扰，则接收机的跟踪便可能中断（失锁）。而当卫星信号被重新锁定后，被测载波相位的小数部分将仍和未发生中断的情形一样，是连续的，但这时整周数却不再是连续的。这种情况称为整周跳变或周跳，在载波相位测量中是经常发生的，它对距离观测的影响和整周未知数的影响相似，在精密定位的数据处理中，都是一个非常重要的问题。

4）天线的相位中心位置偏差

在 GPS 定位中，观测值是以接收机天线相位中心位置为准的，因而天线的相位中心与其几何中心理论上保持一致。可是，实际上天线的相位中心位置随着信号输入的强度和方向不同而有所变化，即观测时相位中心的瞬时位置（称为视相位中心）与理论上的相位中心位置有所不同。天线相位中心的偏差对相对定位结果的影响，根据天线性能的优劣，可达数毫米至数厘米。所以对于精密相对定位，这种影响是不容忽视的，而如何减小相位中心的偏移，是天线设计中的一个迫切问题。

在实际工作中，如果使用同一类型的天线，在相距不远的两个或多个观测站上，同步观测同一组卫星，便可通过观测值求差，以削弱相位中心偏移的影响。需要提及的是，安置各观测站的天线时，均应按天线附有的方位标进行定向，使之根据罗盘指向磁北极。根据不同的精度要求，定向偏差应保持在 3°～5°以内。有关天线相位中心的问题，读者可进一步参阅有关文献。

1.5.6　相关规范

1. GB/T 18314—2009《全球定位系统（GPS）测量规范》。
2. BT 10601—2009/J 962—2009《高速铁路工程测量规范》。

思考题与习题

1. GPS 相对于其他导航系统有何特点？
2. 在全球定位系统中为何要用测距码来测定伪距？
3. GPS 卫星定位的基本原理是什么？为了达到定位精度要求，至少需要同步观测多少颗卫星？为什么？
4. 什么叫多路径误差？在 GPS 测量中可采用哪些方法来消除或削弱多路径误差？
5. 简述 GPS 网的布网原则。

6. WGS-84 坐标系是如何定义的？如何实现 WGS-84 坐标与国家坐标系坐标的转换？

7. GPS 测量的作业模式有哪些？各适用于什么场合？

8. 静态相对定位外业观测应做哪些工作？

9. 用 6 台 GPS 接收机观测两个时间段（每时段 1 h），两个时间段之间为点连接。能解算出多少条基线？独立基线共有几条？重复观测基线有几条？GPS 点有几个？设置采样间隔为 15 s 每台接收机记录多少组数据？

10. GPS 基线解算后应做哪些检核计算？

项目 2　高程控制测量

项目描述

高程控制测量工作是按照测量项目任务所要求的精度等级，根据测区情况编写测量技术设计书，在测区布设高程控制点，构建高程控制网，并采用特定的仪器及方法测定控制点的高程的工作。

教学目标

1. 知识目标

（1）掌握控制测量技术设计书的编写方法。

（2）掌握高程控制点的布设要求及选点方法。

（3）掌握二、三、四高程控制的水准观测方法。

（4）掌握光电测距三角高程观测及计算方法。

2. 能力目标

（1）方法能力：

① 具备资料搜集整理的能力；

② 具备制订、实施工作计划的能力；

③ 具备综合分析判断能力；

④ 具备能正确应用行业技术规范的能力。

（2）专业能力：

① 能够进行测区的踏勘，搜集相关资料；

② 按要求进行实地选点工作；

③ 能够利用水准测量和三角高程测量方法进行高程控制；

④ 能够进行外业观测数据的处理及平差软件的使用。

（3）社会能力：

① 具备能迁移和应用知识的能力以及善于创新和总结经验的能力；

② 具备较快适应环境的能力；

③ 具备团队协作的能力；

④ 具备诚实守信和爱岗敬业的职业道德；

⑤ 具备工作安全意识与自我保护能力。

任务 2.1　　四等水准控制测量

2.1.1　教学目标

1. 知识目标
（1）掌握高程控制测量技术设计书的书写方式。
（2）掌握四等水准点的布设方法及注意事项。
（3）掌握四等水准测量外业观测步骤及规范要求。
（4）掌握四等水准测量的内业计算方法。

2. 能力目标
（1）方法能力：
① 具备资料搜集整理的能力；
② 具备制订、实施工作计划的能力；
③ 具备综合分析判断能力；
④ 具备能正确应用行业技术规范的能力。
（2）专业能力：
① 能够根据具体的任务，编写高程控制测量的技术设计书；
② 能够依据技术设计书，进行四等水准点布设；
③ 能够依据测量规范，进行四等水准测量的外业观测及内业计算。
（3）社会能力：
① 具备能迁移和应用知识的能力以及善于创新和总结经验的能力；
② 具备较快适应环境的能力；
③ 具备团队协作的能力；
④ 具备诚实守信和爱岗敬业的职业道德；
⑤ 具备工作安全意识与自我保护能力。

2.1.2　工作任务

假设在某施工场地，拟建三栋建筑物，需建立高程控制网，要求根据给定的 BM_4 点的高程按四等水准测量完成高程控制点的引测工作。

2.1.3　相关配套知识

2.1.3.1　视距测量的原理

视距测量是利用望远镜内的视距装置及视距尺，采用等角相似的原理测量两点间距离的一种方式。视距测量的优点是，操作方便、观测快捷，测量视距和高差的精度较低，测距相对误差为 1/200 ~ 1/300。

1. 视准轴水平时

如图 2-1-1 所示，测地面 M、N 两点的水平距离，在 M 点安置仪器，在 N 点竖立视距尺，当望远镜视线水平时，水平视线与标尺垂直，中丝读数为 v，上下视距丝在视距尺上 A、B 的位置读数之差称为视距间隔，用 L 表示。

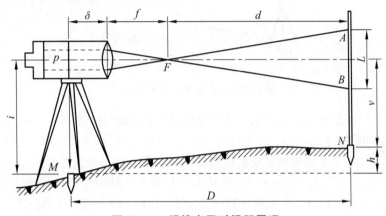

图 2-1-1　视线水平时视距原理

设仪器中心到物镜中心的距离为 δ，物镜焦距为 f，物镜焦点 F 到 N 点的距离为 d，由图 2-1-1 可知 M、N 两点间的水平距离为 $D = d + f + \delta$，根据图中相似三角形成比例的关系得两点间水平距离为：

$$D = \frac{f}{p} \times L + f + \delta \qquad (2\text{-}1\text{-}1)$$

式中　f/p——视距乘常数，用 K 表示，其值在设计中为 100；

　　　$f + \delta$——视距加常数，仪器设计为 0。

则视线水平时水平距离公式：

$$D = KL \qquad (2\text{-}1\text{-}2)$$

式中　K——视距乘常数其值等于 100；

　　　L——视距间隔。

M、N 两点间的高差可由仪器高 i 和中丝读数 v 计算得到，即：

$$h = i - v \qquad (2\text{-}1\text{-}3)$$

2. 视准轴不水平时

在野外绝大多数地形高低起伏较大，需要望远镜倾斜才能读取标尺上的上丝和下丝读数，此时视准轴不垂直于视距标尺，不能用式（2-1-2）和式（2-1-3）计算距离和高差。如图 2-1-2 所示，下面介绍视准轴不水平时求水平距离和高差的方法。

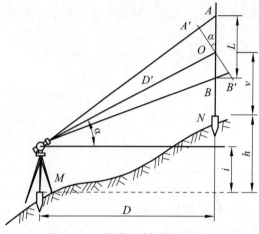

图 2-1-2 视线倾斜时视距原理

视线倾斜时竖直角为 α，上下视距丝在视距标尺上所截的位置为 A，B，视距间隔为 L，求算 M、N 两点间的水平距离 D。首先将视距间隔 L 换算成相当于视线垂直时的视距间隔 $A'B'$ 之距离，按式（2-1-2）求出倾斜视线的距离 D'，其次利用倾斜视线的距离 D' 和竖直角 α 计算为水平距离 D。因上下丝的夹角 φ 很小，则认为 $\angle AA'O$ 和 $\angle BB'O$ 为 $90°$，设将视距尺旋转 α 角，根据三角函数得视线倾斜时水平距离计算式为式（2-1-4），两点高差计算公式为式（2-1-5）。

$$D = KL\cos^2 \alpha \qquad\qquad (2\text{-}1\text{-}4)$$

$$h = D\tan\alpha + i - v \qquad\qquad (2\text{-}1\text{-}5)$$

将式（2-1-4）代入式（2-1-5）化简后得：

$$h = \frac{1}{2}KL\sin 2\alpha + i - v \qquad\qquad (2\text{-}1\text{-}6)$$

式中　L——上、下视距丝在标尺上的读数之差；

　　　i——仪器高度；

　　　v——十字丝的中丝在标尺上的读数；

　　　K——视距乘常数（$K = 100$）；

　　　α——视线倾斜时的竖直角。

为了计算简便，在实际工作中，通常使中横丝照准标尺上与仪器同高处，使 $i = v$，则上述计算高差的公式简化为：

$$h = \frac{1}{2}KL\sin 2\alpha \qquad\qquad (2\text{-}1\text{-}7)$$

现在视距测量的计算工具主要是电子计算器，最好使用程序型的计算器，事先将视距计算公式和高差计算公式输入到计算器中，使用快捷方便，不容易出现计算错误。

2.1.3.2　三、四等水准测量

三、四等水准路线用于建立小区域首级控制网和工程施工高程控制网。水准观测的主要

技术要求和水准测量的主要技术要求分别如表 2-1-1、表 2-1-2 所示，仪器等级采用 DS3 和 DS1 级水准仪，水准尺不同于普通水准尺，它是双面水准尺，每次观测使用两把尺子，称为一对，每根水准尺一面为红色，另一面为黑色。一对水准尺的黑面尺底刻划均为零，而红面尺一根尺底起始刻划为 4.687 m，另一根尺底起始刻划为 4.787 m，这一数值用 K 表示，称为同一水准尺红、黑面常数差。下面以四等水准测量为例，介绍用双面水准尺法在一个测站的观测程序、记录与计算。

表 2-1-1　水准观测的主要技术要求

等级	水准仪的型号	视线长度/m	前后视较差/m	前后视累积差/m	视线离面最低高度/m	黑面、红面读数较差/mm	黑面、红面所测高差较差/mm
三等	DS1	100	3	6	0.3	1.0	1.5
	DS3	75	3	6	0.3	2.0	3.0
四等	DS3	100	5	10	0.2	3.0	5.0

表 2-1-2　水准测量的主要技术要求

等级	每千米高差全中误差/mm	路线长度/km	水准仪型号	水准尺	观测次数		往返较差、附合或环线闭合差	
					与已知点联测	附合或环线	平地/mm	山地/mm
三等	6	≤50	DS1	铟瓦	往返各一次	往一次	$\pm12\sqrt{L}$	$\pm4\sqrt{n}$
			DS3	双面		往返各一次		
四等	10	≤16	DS1	铟瓦	往返各一次	往返各一次	$\pm20\sqrt{L}$	$\pm6\sqrt{n}$

注：① 节点之间或节点与高级点之间，其路线的长度，不应大于表中规定的 0.7 倍。
　　② L 为往返测段、附合或环线的水准路线长度（km）；n 为测站数。
　　③ 数字水准仪测量的技术要求和同等级的光学水准仪相同。

1. 观测方法与记录

四等水准测量每站的观测顺序和记录如表 2-1-3 所示，括号中数字 1～8 号代表观测记录顺序，9～18 号为计算的顺序与记录位置。

（1）照准后视水准尺黑面，读取上、下、中三丝读数，填入编号（1）、（2）、（3）栏。

（2）将水准尺翻转为红面，后视水准尺红面，读取中丝读数，填入编号（4）栏。

（3）前视水准尺的黑面，读取上、下、中三丝读数，填入（5）、（6）、（7）栏。

（4）将水准尺翻转为红面，前视水准尺红面，读取中丝读数（8）栏。

这样的观测顺序简称为"后—后—前—前"。三等水准测量的顺序为"后—前—前—后"，观测顺序有所改变。

表 2-1-3　四等水准测量记录计算表

测站编号	测点编号	后尺 上丝 / 下丝	前尺 上丝 / 下丝	方向及尺号	水准尺读数 /m		K＋黑减红 /mm	高程中数 /m
		后视距 / 视距 d	前视距 / $\sum d$		黑面	红面		
		（1） （2） （9） （11）	（5） （6） （10） （12）	后 7 前 8 后－前	（3） （7） （15）	（4） （8） （16）	（13） （14） （17）	（18）
1	BM₁ ~ Z₁	1.891 1.525 36.6 －0.2	0.758 0.390 36.8 －0.2	后 7 前 8 后－前	1.708 0.574 ＋1.134	6.395 5.361 ＋1.034	0 0 0	＋1.134 0
2	Z₁ ~ Z₂	2.746 2.313 43.3 －0.9	0.867 0.425 44.2 －1.1	后 8 前 7 后－前	2.530 0.646 ＋1.884	7.319 5.333 ＋1.986	－2 0 －2	＋1.885 0
3	Z₂ ~ Z₃	2.043 1.502 54.1 ＋1.0	0.849 0.318 53.1 －0.1	后 7 前 8 后－前	1.773 0.584 ＋1.189	6.459 5.372 ＋1.087	＋1 －1 ＋2	＋1.188 0
4	Z₃ ~ BM₂	1.167 0.655 51.2 －1.0	1.677 1.155 52.2 －1.1	后 8 前 7 后－前	0.911 1.416 －0.505	5.696 6.102 －0.406	＋2 ＋1 ＋1	－0.505 5

本页检核

$$\sum(9)=185.2$$
$$-\underline{\sum(10)=186.3}$$
$$-1.1$$

末站 $(12)=-1.1$

总视距 $=\sum(9)+\sum(10)=371.5$

总高差 $=\sum(18)=+3.701\,5$

总高差 $=\dfrac{1}{2}\left[\sum(15)+\sum(16)\right]=+3.701\,5$

总高差 $=\dfrac{1}{2}\left\{\sum[(3)+(4)]-\sum[(7)+(8)]\right\}$

$\qquad\quad =\dfrac{1}{2}(32.791-25.388)=+3.701\,5$

2. 计算与检核

1）测站上的计算与检核

（1）视距计算。根据视线水平时的视距计算原理（上丝 – 下丝）× 100 计算前、后视距离。

后视距离： $(9) = (1) - (2)$

前视距离： $(10) = (5) - (6)$

前后视距差： $(11) = (9) - (10)$，前后视距离差不超过 5 m。

前后视距累计差：本站 $(12) =$ 上一个测站 $(12) +$ 本测站 (11)，前后视距累计差不超过 10 m。

（2）同一水准尺黑、红面读数差计算（$K_7 = 4.687$、$K_8 = 4.787$）。

$$(13) = (3) + K - (4)$$
$$(14) = (7) + K - (8)$$

同一水准尺黑、红面读数差不超过 3 mm。

（3）高差计算与检核。

黑面尺所测的高差： $(15) = (3) - (7)$

红面尺所测的高差： $(16) = (4) - (8)$

黑、红面所得高差之差检核计算： $(17) = (15) - (16) \pm 0.100 = (13) - (14)$

注：式中的 ± 0.100 为两水准尺常数 K 之差。黑、红面所得高差之差不超过 5 mm。

（4）计算平均高差： $(18) = \dfrac{1}{2}[(15) + (16) \pm 0.100]$

2）每页的计算和检核

（1）总视距计算与检核。

$$本页末站：(12) = \sum(9) - \sum(10)$$

$$本页总视距 = \sum(9) + \sum(10)$$

（2）总高差的计算和检核。

当测站数为偶数时：

$$总高差 = \sum(18) = \frac{1}{2}\Big[\sum(15) + \sum(16)\Big] = \frac{1}{2}\Big\{\sum[(3) + (4)] - \sum[(7) + (8)]\Big\}$$

当测站数为奇数时：

$$总高差 = \sum(18) = \frac{1}{2}\Big[\sum(15) + \sum(16) \pm 0.100\Big]$$

2.1.3.3 数据处理

在四等水准测量外业工作结束后，可采用手工或软件的方法来处理数据。其中，手工可采用简易平差方法；软件可采用平差易或科傻。

下面以附合水准为例介绍科傻软件处理步骤，原始测量数据如表 2-1-4 所示。

表 2-1-4　原始测量数据

测站点	高差/m	距离/m	高程/m
A	−50.440	1 474.444 0	96.062 0
2	3.252	1 424.717 0	
3	−0.908	1 749.322 0	
4	40.218	1 950.412 0	
B			88.183 0
说明：这是一条附合水准的测量数据，A 和 B 是已知高程点，2、3 和 4 是待测的高程点			

1. 数据录入

打开科傻软件，选择"文件"菜单下的"新建"，打开如图 2-1-3 所示的窗口，在其中编写已知数据和测量数据信息，格式如图所示，其结构如下，输完后保存（文件后缀名为".in1"例如：附合水准.in1）。

第一部分：

已知点点号，已知点的高程。

第二部分：

测段起点点号，测段终点点号，观测高差，观测边长（观测高差以"m"为单位，观测边长以"km"为单位。

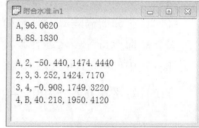

```
附合水准.in1
A, 96. 0620
B, 88. 1830

A, 2, -50. 440, 1474. 4440
2, 3, 3. 252, 1424. 7170
3, 4, -0. 908, 1749. 3220
4, B, 40. 218, 1950. 4120
```

图 2-1-3

2. 闭合差计算

在"工具"菜单中选择"闭合差计算"，弹出如图 2-1-4 所示的对话框，选择高程观测值文件"附合水准.in1"进行闭合差计算，计算结果存放于闭合差结果文件"附合水准.goc"中。

图 2-1-4

3. 平　差

在"平差"菜单下选择"高程网"，则弹出如图 2-1-4 所示的对话框，选择高程观测值文件"附合水准.in1"进行平差计算，计算结果存放于平差结果文件"附合水准.ou1"中。

4. 高程控制网平差报表

在"报表"菜单下选择"平差结果"中的"高程网"，弹出如图 2-1-5 所示的对话框，选择高程网结果文件"附合水准.ou1"进行平差结果的输出，则成果保存到"附合水准.rt1"文件中。

图 2-1-5

2.1.3.4　跨河水准测量

当水准测量路线需要跨越江河、峡谷、洼地等障碍物时，由于跨河视线较长，不能保证前后视距相等，从而使得仪器的 i 角误差、大气折光差和地球曲率差均相应的增大，而且读数困难。所以对于这种特殊的情况必须采用特殊的观测方法。

1. 跨河测量场地布设

一般跨河测量的场地布设成如图 2-1-6 所示的"Z"字形，I_1、I_2 既是仪器站也是立尺点，b_1、b_2 为立尺点；要求岸上视线 $I_1b_1 = I_2b_2$，而且长度不少于 10 m，具体的观测步骤如下：

（1）在 I_1 和 b_1 之间安置水准仪，测出两点之间的高差 $h_{I_1b_1}$。

（2）将仪器安置在 I_1 位置处，测出 b_1 和 I_2 两点之间的高差 $h_{b_1I_2}$。

（3）在调焦螺旋不动的情况下，将仪器搬至 I_2 位置处，测出 I_1 和 b_2 之间的高差 $h_{I_1b_2}$。

（4）最后在 I_2 和 b_2 之间安置水准仪，测出两点之间的高差 $h_{I_2b_2}$。

其中（1）（2）步为上半测回观测；（3）（4）步为下半测回观测。

2. 计算方法

（1）计算上、下半测回高差：

$$h_{b_1b_2} = h_{b_1I_2} + h_{I_2b_2}$$
$$h_{b_2b_1} = h_{b_2I_1} + h_{I_1b_1}$$

（2）计算跨河高差：

$$\overline{h_{b_1b_2}} = \frac{h_{b_1b_2} - h_{b_2b_1}}{2}$$

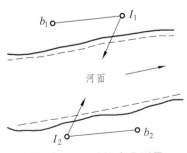

图 2-1-6　跨河水准测量

3. 主要技术要求

《工程测量规范》对跨河水准测量还做了以下规定：

（1）水准作业场地应选在跨越距离较短、土质坚硬、密实便于观测的地方；标尺点必须设立木桩。

（2）两岸测站和立尺点应对称布设。当跨越距离小于 200 m 时，可采用单线过河；大于 200 m 时，应采用双线过河并组成四边形闭合环。往返较差、环线闭合差应符合水准测量主要技术要求的规定。

（3）跨河观测的主要技术要求如下表 2-1-5 所示。

表 2-1-5　跨河水准测量的主要技术要求

跨越距离/m	观测次数	单程测回数	半测回远尺读数次数	测回差/mm		
				三等	四等	五等
<200	往返各一次	1	2	—	—	—
200～400	往返各一次	2	3	8	12	25

（4）当跨越距离小于 200 m 时，也可采用在测站上变换仪器高度的方法进行，两次观测高差较差不应超过 7 mm，取其平均值作为观测高差。

2.1.4　相关案例

【案例1】 **××铁路三等水准测量技术设计书**

1　测区及高程网概况

（1）测区概况。任务 1.2 中已介绍（略）

（2）已有资料情况。隧道进口 CPI1067 和出口 CPI1069 为已知高程点，水准编号分别为：BM1068 和 BM1069，在本管段较远处有一水准点 BM1070。

（3）资源配置如表 2-1-6 所示。

表 2-1-6　复测投入仪器设备汇总表

序号	设备名称	设备型号	产地	设备精度	数量
1	精密水准仪	天宝 DiNi03	天宝	±0.3 mm/km	1 套

2　执行标准

《国家三、四等水准测量规范》（GB 12898—91）。

3　高程系统

由于原来勘测设计阶段采用的高程系统为 1985 年黄海高程系，因此本次复测采用的高程系统亦同。

4　现场总体组织与要求

为了保证在规定时间内圆满完成该项任务，组成 1 个水准测量组。此外，观测过程中严格按照以下要求执行：

（1）在实施之前，按照规范要求在国家计量认证单位对所有的观测设备进行检定，且均在有效周期内。检定的设备为天宝 DiNi 精密水准仪 1 套。

（2）在实施过程中严格按照国家相关规范进行作业，所有记录计算要求按规范相关条款进行。

（3）现场作业严格遵守有关操作规程、尊重当地居民，注意人身和仪器的安全。

5　高程控制网主要技术要求

1）三等水准技术方案

本标段内共有水准点 3 座（BM1068、BM1069 和 BM1070，其中 BM1068 在进口处，BM1069 和 BM1070 位于隧道出口,设计本次复测水准路线为:BM1069—BM1070—BM1068,估计水准线路长 23 km，组织水准测量组 1 组；水准等级采用三等水准测量，仪器采用 1 套天宝 DiNi 电子精密水准仪（0.3 mm/km）进行施测。

2）三等水准观测技术要求

本次复测采取三等几何水准进行，其水准测量精度要求按表 2-1-7、表 2-1-8 的规定。

表 2-1-7　水准测量的主要技术标准

等级	每千米高差全中误差/mm	路线长度/km	水准仪等级	水准尺	观测次数		往返较差或闭合差/mm
					与已知点联测	附合或环线	
三等	6	≤ 50	$DS_{0.5}$	铟瓦	往返	往	$12\sqrt{L}$

表 2-1-8　三等级水准观测主要技术要求

等级	水准尺类型	水准仪等级	视距/m	前后视距差/m	测段的前后视距累积差/m	视线高度/m
三等	铟瓦	$DS_{0.5}$	≤ 100	≤ 2.0	≤ 5.0	下丝读数 ≥ 0.3

水准测量所使用的仪器及水准尺，符合下列规定：

（1）水准仪视准轴与水准管轴的夹角，DS_1 级不应超过 15″。

（2）水准尺上的米间隔平均长与名义长之差，对于铟瓦水准尺，不超过 0.15 mm。

（3）三等水准测量采用补偿式自动安平水准仪时，补偿误差 Δa 不应超过 0.2″。

观测读数和记录的数字取位：使用 $DS_{0.5}$ 或 DS_1 级仪器，读记至 0.05 mm 或 0.1 mm；使用数字水准仪读记至 0.01 mm；使用区格式木尺读记至 1 mm。

3）水准外业观测

（1）水准观测采用天宝 DiNi 精密电子水准仪，水准仪的标称精度为每公里高差偶然中误差 ±0.3 mm。在开工前和作业期间，按规定对仪器进行了常规检校和经常性检查，保证了仪器工作状态良好。

（2）在水准观测过程中，采用相邻两水准点往返闭合观测，一条水准路线的闭合观测采用同一台仪器、同转点尺，电子水准仪自动记录。

（3）沿路线施测均使用大于 5 kg 的铸铁尺垫，水准标尺采用与仪器配套的线条式铟瓦水准标尺，使用尺撑扶尺，依保证水准尺气泡居中；前后视距用电子水准仪自动测距确定每测站视距；使用干湿温度计测定气温。

（4）水准观测时，严格按照《国家三、四等水准测量规范》（GB 12898—91）中视线长度≤75 m，前后视距差≤2 m，前后视距累积差≤5 m，下丝读数≥0.3 m；上丝读数≤1.7 m，测站限差：两次读数差≤0.4 mm，两次读数所测高差之差≤0.4 mm，检测间隔点高差之差两次读数差≤1.0 mm，读记至 0.01 mm。

（5）观测按后前前后顺序进行，每一测段均为偶数站。

（6）复测前将仪器置于露天架好后，待水准仪与室外气温一致并进行不少于 20 次的单次测量后方可进行观测，达到仪器预热的目的；阳光直射时必须给仪器打伞。

（7）观测时仪器周围严禁使用对讲机、手机；当有汽车通过时，应停止观测，待确认震动源消失后方可进行观测。

6　数据处理

水准测量及平差由本部进行处理，按照三等水准测量的规范要求进行计算；递交水准测量原始记录及成果计算表。

7　人员及仪器鉴定证书

（1）复测人员配置（见附表）（此处略）。

（2）测量人员资质和仪器鉴定证书（见附表）（此处略）。

【案例 2】　　　　　　　　××铁路高程控制网复测方案

1　工程概况

任务 1.5 中已介绍（略）。

2　测量任务

根据设计院交桩完成××铁路及与相邻标段四等高程网复核测量。

1）坐标系统

本标段高程系统为 1985 国家高程基准。

2）高程控制网

本标段内共交付：四等高程点 14 个，分别为 BM203（D2007）、BM204（1073）、BM205（D2013）、BM206（D2015）、BM207（D2017）、BM208（D2020）、BM209（D2024）、BM210-1（D2026）、BM210-2（D2028）、BM213（D2035）、BM214（D2037）、BM215（D2039）、其中与移交的四等 GPS 点共用桩 3 个，其余 11 个四等高程点均与导线点共桩，其中 BM215（D2039）为四标的平面控制点。

高程控制网与相邻标段进行贯通测量，与 ZNTJ-2 标、LLXS-1 标联测 Z8、Z9，与四标联测 BM215。

3　高程控制网复测方案

1）复测方法

根据设计院交桩和本标段现场实际情况，高程复测采用三角高程和水准测量两种方法相结合的方式进行，具体实施如下：

沿线路附近的省道布设四等水准线路，联测 2 标和 4 标的高程点，在本标段施工便道附近布设水准加密点（加密点布设在道路附近隐蔽、稳定、不易破坏的地方，部分点位与 GPS 加密点重合），以便后期水准网加密，使用三角高程将设计院移交的高程点传递到水准线路的节点或加密点上，以相邻 2 个四等高程点作为一个测段，检核施测是否合格，如果超限，需进行返测验证往测是否有误。

分段复测完成后，以相邻标段高程点为起算点，对本标段高程网进行平差，平差结果与设计结果进行比较，根据比较结果进行调整。

2）仪器设备

水准测量使用 DS0.5 级精度要求的电子水准仪、条码标尺进行测量，三角高程测量采用 1″ 级全站仪进行观测，仪器设备均在检定有效期内，在使用前进行常规检查，确保仪器工作正常。主要仪器配置如表 2-1-9 所示。

表 2-1-9　高程仪器配置

仪器型号	台数	有效期/检定单位	鉴定日期
Trimble DiNi03	2	北京金华大地光电仪器校准中心	2012-09-06
徕卡 1201	1	沈阳计量测试院	2012-04-12

3）水准测量主要技术指标

（1）四等水准测量主要精度指标及技术标准按表 2-1-10、表 2-1-11 执行。水准测量视线长度和高度如表 2-1-12 所示。

表 2-1-10　四等水准测量的主要精度指标

等级	1 km 高差偶然中误差 M_Δ/mm	1 km 高差全中误差 M_W/mm	往返测高差不符值 /mm	附合路线或环线闭合差 /mm	检测已测段高差之差 /mm	左右路线高差不符值
四等	≤5.0	≤10.0	$\pm20\sqrt{K}$	$\pm20\sqrt{L}$	$\pm30\sqrt{Ri}$	—

注：表中 K 为测段水准线路长度，单位为 km；L 为水准线路长度，单位为 km；Ri 为检测测段长度，以千米计。

表 2-1-11　四等水准测量的主要技术标准

等级	1 km 高差全中误差/mm	水准仪的型号	水准尺	观测次数		往返较差或闭合差	
				与已知点联测	附合或环线	平地/mm	山地/mm
四等	10	DS1	铟瓦	往返	往返	$20\sqrt{L}$	$25\sqrt{L}$

注：① 节点之间或节点与高级点之间，其路线的长度，不应大于表中规定的 0.7 倍。
　　② L 为往返测段，附合或环线的水准路线长度（km），n 为测站数。

表 2-1-12　水准测量视线长度和高度

等级	视线长度		前后视距差/m	前后视距累计差/m	视线高度/m
	仪器型号	视距/m			
四	DS1	≤100	≤5	≤10	≥0.35
	DS3	≤100			

（2）四等水准测量按测段进行往返测。测站观测顺序为："后—后—前—前"或"后—前—前—后"。

4）三角高程测量主要技术指标

四等三角高程主要精度指标及四等三角高程测量限差要求如表 2-1-13、表 2-1-14 所示。

表 2-1-13　四等三角高程主要精度指标

等级	每千米高差全中误差/mm	边长/km	观测方式	2″级测回数	对向观测高差较差/mm	附合或环形闭合差/mm
四等	10	≤0.8	对向观测	3	$40\sqrt{D}$	$20\sqrt{\sum D}$

表 2-1-14　四等三角高程测量限差要求

等级	对向观测高差较差	附合或环线高差闭合差	检测已测测段的高差之差
四等	$\pm 40\sqrt{D}$	$\pm 30\sqrt{\sum D}$	$\pm 30\sqrt{L_i}$

注：表中 D 为测距边长，L_i 为测段间累计测距边长，单位 km。

5）高程网数据处理

水准网平差采用严密平差，使用武汉大学研发的科傻地面控制测量数据处理系统进行解算。

水准测量作业结束后，每条水准路线应按测段往返测高差不符值计算偶然中误差 M_Δ：

$$M_\Delta = \sqrt{\frac{1}{4n}\left[\frac{\Delta\Delta}{L}\right]} \qquad (2-1-8)$$

式中　Δ——测段往返高差不符值（mm）；

　　　L——测段长（km）；

　　　n——测段数。

当水准线路 1 km 偶然中误差 $M_\Delta \leq 5.0$ mm 时，方可进行网平差。

6）外业观测注意事项

（1）测量前需对水准仪进行常规的 i 角检校、圆气泡检查等，作业前及作业过程中检查 i 角均应不超过 15″；水准尺须采用辅助支撑进行安置，测量转点应安置 5 kg 尺垫，尺垫选择坚实的地方并踩实以防尺垫的下沉。

（2）仪器脚架架设必须稳定牢固，在测量过程中防止仪器下沉。

（3）测量时水准尺的圆气泡必须居中，为防止水准尺晃动。

（4）使用的尺垫必须踩实，防止在测量过程中尺垫下沉。

（5）数字水准仪对震动较敏感，测量时注意避开。

（6）测量读数时必须精确调焦，在成像清晰时进行，并按规范要求次序进行观测。

（7）每一测段结束的测站数应为偶数。

（8）当测段较长时应设立固定转点或以增设加密水准点作为转点。

2.1.5　知识拓展

2.1.5.1　国家高程基准

布测全国统一的高程控制网，首先必须建立一个统一的高程基准面，所有水准测量测定的高程都以这个面为零起算，也就是以高程基准面作为零高程面。用精密水准测量联测到陆地上预先设置好的一个固定点，定出这个点的高程作为全国水准测量的起算高程，这个固定点称为水准原点。

1. 高程基准面

高程基准面就是地面点高程的统一起算面，由于大地水准面所形成的体形——大地体是与整个地球最为接近的体形，因此通常采用大地水准面作为高程基准面。

大地水准面是假想海洋处于完全静止的平衡状态时的海水面延伸到大陆地面以下所形成的闭合曲面。事实上，海洋受潮汐、风力的影响，永远不会处于完全静止的平衡状态，总是存在着不断的升降运动，但是可以在海洋近岸的一点处竖立水位标尺，成年累月地观测海水面的水位升降，根据长期观测的结果可以求出该点处海洋水面的平均位置，人们假定大地水准面就是通过这一点处实测的平均海水面。

长期观测海水面水位升降的工作称为验潮，进行这项工作的场所称为验潮站。

根据各地的验潮结果表明，不同地点平均海水面之间还存在着差异，因此，对于一个国家来说，只能根据一个验潮站所求得的平均海水面作为全国高程的统一起算面——高程基准面。

新中国成立后的 1956 年，我国根据基本验潮站应具备的条件，认为青岛验潮站位置适中，地处我国海岸线的中部，而且青岛验潮站所在港口是有代表性的规律性半日潮港，又避开了江河入海口，外海海面开阔，无密集岛屿和浅滩，海底平坦，水深在 10 m 以上等有利条件，因此，在 1957 年确定青岛验潮站为我国基本验潮站，验潮井建在地质结构稳定的花岗石基岩上，以该站 1950 年至 1956 年 7 年间的潮汐资料推求的平均海水面作为我国的高程基准面。以此高程基准面作为我国统一起算面的高程系统名谓 "1956 年黄海高程系统"。

"1956 年黄海高程系统" 的高程基准面的确立，对统一全国高程有其重要的历史意义，对国防和经济建设、科学研究等方面都起了重要的作用。但从潮汐变化周期来看，确立 "1956 年黄海高程系统" 的平均海水面所采用的验潮资料时间较短，还不到潮汐变化的一个周期（一个周期一般为 18.61 年），同时又发现验潮资料中含有粗差，因此有必要重新确定新的国家高程基准。

新的国家高程基准面是根据青岛验潮站 1952—1979 年间的验潮资料计算确定，根据这个高程基准面作为全国高程的统一起算面，称为 "1985 国家高程基准"。

2. 水准原点

为了长期、牢固地表示出高程基准面的位置，作为传递高程的起算点，必须建立稳固的水准原点，用精密水准测量方法将它与验潮站的水准标尺进行联测，以高程基准面为零推求水准原点的高程，以此高程作为全国各地推算高程的依据。在 "1985 国家高程基准" 系统中，我国水准原点的高程为 72.260 m。

我国的水准原点网建于青岛附近，水准原点的标石构造如图 2-1-7 所示。"1985 国家高程基准" 已经国家批准，并从 1988 年 1 月 1 日开始启用，以后凡涉及高程基准时，

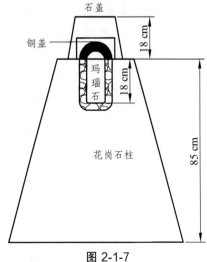

图 2-1-7

一律由原来的 "1956 年黄海高程系统" 改用 "1985 国家高程基准"。由于新布测的国家一等

水准网点是以"1985 国家高程基准"起算的，因此，以后凡进行各等级水准测量、三角高程测量以及各种工程测量，尽可能与新布测的国家一等水准网点联测，也即使用国家一等水准测量成果作为传算高程的起算值，如不便于联测时，可在"1956 年黄海高程系统"的高程值上改正一固定数值，而得到以"1985 国家高程基准"为准的高程值。

必须指出，我国在新中国成立前曾采用过以不同地点的平均海水面作为高程基准面。由于高程基准面的不统一，使高程比较混乱，因此在使用过去旧有的高程资料时，应弄清楚当时采用的是以什么地点的平均海水面作为高程基准面。

2.1.5.2　高程控制网的布设

1. 国家高程控制测量

国家高程控制测量主要是用水准测量方法进行国家水准网的布测。国家水准网是全国范围内施测各种比例尺地形图和各类工程建设的高程控制基础，并为地球科学研究提供精确的高程资料，如研究地壳垂直形变的规律，各海洋平均海水面的高程变化，以及其他有关地质和地貌的研究等。

国家水准网的布设也是采用由高级到低级、从整体到局部逐级控制、逐级加密的原则。国家水准网分 4 个等级布设，一、二等水准测量路线是国家的精密高程控制网。一等水准测量路线构成的一等水准网是国家高程控制网的骨干，同时也是研究地壳和地面垂直运动以及有关科学问题的主要依据，每隔 15～20 年沿相同的路线重复观测一次。构成一等水准网的环线周长根据不同地形的地区，一般在 1 000～2 000 km。在一等水准环内布设的二等水准网是国家高程控制的全面基础，其环线周长根据不同地形的地区在 500～750 km。一、二等水准测量统称为精密水准测量。

我国一等水准网由 289 条路线组成，其中 284 条路线构成 100 个闭合环，共计埋设各类标石近 2 万余座。

二等水准网在一等水准网的基础上布设。我国已有 1 138 条二等水准测量路线，总长为 13.7 万 km，构成 793 个二等环。

三、四等水准测量直接提供地形测图和各种工程建设所必需的高程控制点。三等水准测量路线一般可根据需要在高级水准网内加密，布设附合路线，并尽可能互相交叉，构成闭合环。单独的附合路线长度应不超过 200 km；环线周长应不超过 300 km。四等水准测量路线一般以附合路线布设于高级水准点之间，附合路线的长度应不超过 80 km。

2. 城市和工程建设高程控制测量

城市和工程建设高程控制网一般按水准测量方法来建立。为了统一水准测量规格，考虑到城市和工程建设的特点，城市测量和工程测量技术规范规定：水准测量依次分为二、三、四等 3 个等级。首级高程控制网，一般要求布设成闭合环形，加密时可布设成附合路线和节点图形。各等级水准测量的精度和国家水准测量相应等级的精度一致。

城市和工程建设水准测量是各种大比例尺测图、城市工程测量和城市地面沉降观测的高程控制基础，又是工程建设施工放样和监测工程建筑物垂直形变的依据。

水准测量的实施，其工作程序是：水准网的图上设计、水准点的选定、水准标石的埋设、水准测量观测、平差计算和成果表的编制。水准网的布设应力求做到经济合理，因此，首先要对测区情况进行调查研究，搜集和分析测区已有的水准测量资料，从而拟定出比较合理的布设方案。如果测区的面积较大，则应先在 1：25 000～1：100 000 比例尺的地形图上进行图上设计。

图上设计应遵循以下各点：

（1）水准路线应尽量沿坡度小的道路布设，以减弱前后视折光误差的影响。尽量避免跨越河流、湖泊、沼泽等障碍物。

（2）水准路线若与高压输电线或地下电缆平行，则应使水准路线在输电线或电缆 50 m 以外布设，以避免电磁场对水准测量的影响。

（3）布设首级高程控制网时，应考虑到便于进一步加密。

（4）水准网应尽可能布设成环形网或节点网，个别情况下亦可布设成附合路线。水准点间的距离：一般地区为 2～4 km；城市建筑区和工业区为 1～2 km。

（5）应与国家水准点进行联测，以求得高程系统的统一。

（6）注意测区已有水准测量成果的利用。

根据上述要求，首先应在图上初步拟定水准网的布设方案，再到实地选定水准路线和水准点位置。在实地选线和选点时，除了要考虑上述要求外，还应注意使水准路线避开土质松软地段，确定水准点位置时，应考虑到水准标石埋设后点位的稳固安全，并能长期保存，便于施测。为此，水准点应设置在地质最为可靠的地点，避免设置在水滩、沼泽、沙土、滑坡和地下水位高的地区；埋设在铁路、公路近旁时，一般要求离铁路的距离应大于 50 m，离公路的距离应大于 20 m，应尽量避免埋设在交通繁忙的岔道口；墙上水准点应选在永久性的大型建筑物上。

水准点选定后，就可以进行水准标石的埋设工作。我们知道，水准点的高程就是指嵌设在水准标石上面的水准标志顶面相对于高程基准面的高度，如果水准标石埋设质量不好，容易产生垂直位移或倾斜，那么即使水准测量观测质量再好，其最后成果也是不可靠的，因此务必十分重视水准标石的埋设质量。

国家水准点标石的制作材料、规格和埋设要求，在《国家一、二等水准测量规范》（以下简称《水准规范》）中都有具体的规定和说明。关于工程测量中常用的普通水准标石是由柱石和盘石两部分组成，如图 2-1-8 所示，水准标石可用混凝土浇制或用天然岩石制成。水准标石上面嵌设有铜材或不锈钢金属标志，如图 2-1-9 所示。

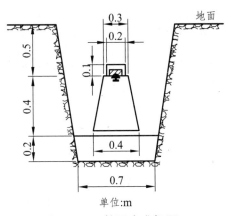

图 2-1-8　柱石水准标石

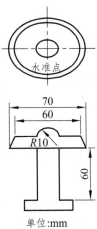

图 2-1-9　盘石水准标石

首级水准路线上的节点应埋设基本水准标石，基本水准标石及其埋设方法如图 2-110 所示。

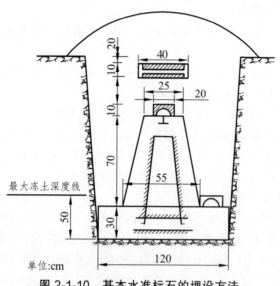

单位:cm

图 2-1-10　基本水准标石的埋设方法

墙上水准标志如图 2-1-11 所示，一般嵌设在地基已经稳固的永久性建筑物的基础部分，水准测量时，水准标尺安放在标志的突出部分。

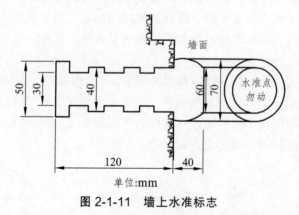

单位:mm

图 2-1-11　墙上水准标志

埋设水准标石时，一定要将底部及周围的泥土夯实，标石埋设后，应绘制点之记，并办理托管手续。

2.1.6　相关规范、规程与标准

1. GB 50026—2007《工程测量规范》，中华人民共和国国家标准。
2. TB 10101—2009/J 961—2009《铁路工程测量规范》，中华人民共和国国家标准。

思考题与习题

1. 举例说明四等水准测量在一个测站的观测方法?

2. 根据下表观测数据，完成各测站的计算和校核，其中 $K_1 = 4.787$ ， $K_2 = 4.687$ 。

| 测站编号 | 后尺 上丝 下丝 | 前尺 上丝 下丝 | 方向及尺号 | 标尺读数/m | | 黑+K −红 /mm | 高差中数/m | 备 注 |
| | 后视距/m | 前视距/m | | 黑面 | 红面 | | | |
	视距差 d/m	$\sum d$/m						
1	2.271	2.346	后 2	2.084	6.771			
	1.897	1.971	前 1	2.158	6.946			
			后 − 前					
2	1.684	1.852	后 1	1.496	6.283			
	1.309	1.448	前 2	1.636	6.324			
			后 − 前					
3	1.655	1.831	后 2	1.522	6.209			
	1.390	1.564	前 1	1.697	6.483			
			后 − 前					
检核	总视距计算与检核：							
	总高差的计算与检核：							

3. 四等水准测量每站的限差要求都有哪些? 各为多少? 并说出四等水准路线测量的技术要求是什么?

4. 水准测量在作业前和作业期间对水准仪要进行哪些检验? 其目的是什么?

5. 通过阅读资料，列举一些四等水准测量的应用实例。

6. 高程的基准面是什么? 目前我国采用的高程基准是什么?

7. 何谓水准原点? 其作用是什么?

任务 2.2　　二等水准控制测量

2.2.1　教学目标

1. 知识目标
（1）掌握精密水准仪操作和水准尺的使用方法。
（2）掌握二等水准测量的主要规范要求。
（3）掌握二等水准测量的观测方法。
（4）掌握二等水准测量的主要误差及消除方法。
（5）掌握二等水准测量的数据处理方法。
（6）掌握水准网技术设计书与报告书的编写方法。

2. 能力目标
（1）方法能力：
① 具备资料搜集整理的能力；
② 具备制订、实施工作计划的能力；
③ 具备综合分析判断能力；
④ 具备能正确应用行业技术规范的能力。
（2）专业能力：
① 能够根据具体的任务完成二等水准控制网技术设计书的编写；
② 能够根据技术设计完成水准点的布设；
③ 能够依据二等水准测量规范进行测量；
④ 能够进行二等水准测量的数据处理；
⑤ 能够进行二等水准技术总结的编写。
（3）社会能力：
① 具备能迁移和应用知识的能力以及善于创新和总结经验的能力；
② 具备较快适应环境的能力；
③ 具备团队协作的能力；
④ 具备诚实守信和爱岗敬业的职业道德。
⑤ 具备工作安全意识与自我保护能力。

2.2.2　工作任务

某一栋建筑物周围有 5 个点 A、B、C、D、E，其中 A 点高程为 $BM_A = 500\ m$，现有一台 DINI03 水准仪以及配套设备，试选定合理的水准路线布设方式，通过二等水准测量得到其他 4 个点的高程。

2.2.3　相关配套知识

2.2.3.1　精密水准仪和水准尺

1. 精密水准仪的认识

为提高水准测量的精度，高等级水准测量必须采用精密水准仪进行观测。常用的精密水准仪有 S05 型和 S1 型，可用于国家一、二等水准测量和大型工程建筑物的施工测量及变形观测。

对于精密水准测量的精度而言，除一些外界因素的影响外，观测仪器——水准仪在结构上的精确性与可靠性是具有重要意义的。为此，对精密水准仪必须具备的一些条件提出下列要求：

1）高质量的望远镜光学系统

为了在望远镜中能获得水准标尺上分划线的清晰影像，望远镜必须具有足够的放大倍率和较大的物镜孔径。一般精密水准仪的放大倍率应大于 40 倍，物镜的孔径应大于 50 mm。

2）坚固稳定的仪器结构

仪器的结构必须使视准轴与水准轴之间的联系相对稳定，不受外界条件的变化而改变它们之间的关系。一般精密水准仪的主要构件均用特殊的合金钢制成，并在仪器上套有起隔热作用的防护罩。

3）高精度的测微器装置

精密水准仪必须有光学测微器装置，借以精密测定小于水准标尺最小分划线间格值的尾数，从而提高在水准标尺上的读数精度。一般精密水准仪的光学测微器可以读到 0.1 mm，估读到 0.01 mm。

4）高灵敏的管水准器

一般精密水准仪的管水准器的格值为 10″/2 mm。由于水准器的灵敏度越高，观测时要使水准器气泡迅速置中也就越困难，为此，在精密水准仪上必须有倾斜螺旋（又称微倾螺旋）的装置，借以可以使视准轴与水准轴同时产生微量变化，从而使水准气泡较为容易地精确置中以达到视准轴的精确整平。

5）高性能的补偿器装置

对于自动安平水准仪补偿元件的质量以及补偿器装置的精密度都可以影响补偿器性能的可靠性。如果补偿器不能给出正确的补偿量，或是补偿不足，或是补偿过量，都会影响精密水准测量观测成果的精度。

我国水准仪系列按精度分类有 S05 型，S1 型，S3 型等。S 是"水"字的汉语拼音第一个字母，S 后面的数字表示 km 往返平均高差的偶然中误差的毫米数。我国水准仪系列及基本技术参数如表 2-2-1 所示。

表 2-2-1　我国水准仪系列及基本技术参数

技术参数项目		水准仪系列型号			
		S05	S1	S3	S10
1 km 往返平均高差中误差		≤0.5 mm	≤1 mm	≤3 mm	≤10 mm
望远镜放大率		≥40 倍	≥40 倍	≥30 倍	≥25 倍
望远镜有效孔径		≥60 mm	≥50 mm	≥42 mm	≥35 mm
管状水准器格值		10″/2 mm	10″/2 mm	20″/mm	20″/2 mm
测微器有效量测范围		5 mm	5 mm		
测微器最小分格值		0.1 mm	0.1 mm		
自动安平水准仪补偿性能	补偿范围	±8′	±8′	±8′	±10′
	安平精度	±0.1″	±0.2″	±0.5″	±2″
	安平时间不长于	2 s	2 s	2 s	2 s

2. 精密水准标尺的构造特点

水准标尺是测定高差的长度标准，如果水准标尺的长度有误差，则对精密水准测量的观测成果会带来系统性质的误差影响，为此，对精密水准标尺提出如下要求：

（1）当空气的温度和湿度发生变化时，水准标尺分划间的长度必须保持稳定，或仅有微小的变化。一般精密水准尺的分划是漆在铟瓦合金带上，铟瓦合金带则以一定的拉力引张在木质尺身的沟槽中，这样铟瓦合金带的长度不会受木质尺身伸缩变形影响。水准标尺分划的数字是注记在铟瓦合金带两旁的木质尺身上。

（2）水准标尺的分划必须十分正确与精密，分划的偶然误差和系统误差都应很小。水准标尺分划的偶然误差和系统误差的大小主要决定于分划刻度工艺的水平，当前精密水准标尺分划的偶然中误差一般在 8 ~ 11 μm。由于精密水准标尺分划的系统误差可以通过水准标尺的平均每米真长加以改正，所以分划的偶然误差代表水准标尺分划的综合精度。

（3）水准标尺在构造上应保证全长笔直，并且尺身不易发生长度和弯扭等变形。一般精密水准标尺的木质尺身均应以经过特殊处理的优质木料制作。为了避免水准标尺在使用中尺身底部磨损而改变尺身的长度，在水准标尺的底面必须钉有坚固耐磨的金属底板。在精密水准测量作业时，水准标尺应竖立于特制的具有一定重量的尺垫或尺桩上。

（4）在精密水准标尺的尺身上应附有圆水准器装置，作业时扶尺者借以使水准标尺保持在垂直位置。在尺身上一般还应有扶尺环的装置，以便扶尺者使水准标尺稳定在垂直位置。

（5）为了提高对水准标尺分划的照准精度，水准标尺分划的形式和颜色与水准标尺的颜色相协调，一般精密水准标尺都为黑色线条分划，且与浅黄色的尺面相配合，有利于观测时对水准标尺分划精确照准。

线条分划精密水准标尺的分格值有 10 mm、5 mm 两种。分格值为 10 mm 的精密水准标尺，它有两排分划，尺面右边一排分划注记从 0 ~ 300 cm，称为基本分划，左边一排分划注记从 300 ~ 600 cm 称为辅助分划，同一高度的基本分划与辅助分划读数相差一个常数，称为基辅差，通常又称尺常数，水准测量作业时可以用以检查读数的正确性。分格值为 5 mm 的精密水准尺，它也有两排分划，但两排分划彼此错开 5 mm，所以实际上左边是单数分划，右边是双数分划，也就是单数分划和双数分划各占一排，而没有辅助分划。木质尺面右边注记的是米数，左边注记的是分米数，整个注记从 0.1 ~ 5.9 m，实际分格值为 5 mm，分划注记比实际数值大了一倍，所以用这种水准标尺所测得的高差值必须除以 2 才是实际的高差值。分格值为 5 mm 的精密水准标尺，也有一辅助分划。与数字编码水准仪配套使用的条形码水准尺过数字编码水准仪的探测器来识别水准尺上的条形码，再经过数字影像处理，给出水准尺上的读数，取代了在水准尺上的目视读数。

3. NA2 精密水准仪和水准尺的构造及使用

1）NA2 精密水准仪的构造

图 2-2-1 为 NA2 水准仪的外观及各部位名称。

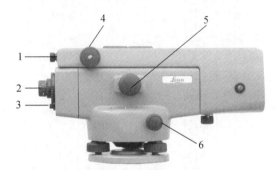

图 2-2-1　精密水准仪

1—测微器读数目镜；2—目镜；3—自动安平按钮；4—测微器手轮；
5—物镜对光螺旋；6—水平微动螺旋

精密水准仪与普通水准仪相比，精密水准仪采用了高精度的水准管，其分划值为 5″ ~ 10″/2 mm；望远镜的放大率也在 40 倍以上，同时为提高尺像的亮度，望远镜物镜的孔径一般大于 50 mm。精密水准仪在构造上与微倾水准仪主要区别是在自动安平水准仪上增加了一套光学测微装置，如图 2-2-2 所示，它由平行玻璃板、测微螺旋、传动杆和测微尺等部件组成。平行玻璃板安装在物镜的前面，其旋转轴与玻璃平面平行，且与望远镜视准轴正交。转动测微螺旋可使传动杆带动平行玻璃板转动，并在测微尺上读出其转动量。测微尺上有 100 格分划，每一格值为 0.1 mm 或 0.05 mm。

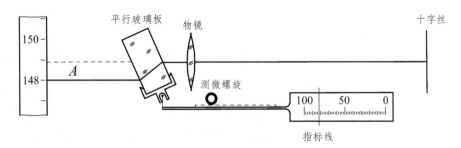

图 2-2-2　平行玻璃板装置

2）精密水准尺及其读数方法

大多数精密水准尺在木制尺身的槽内，镶嵌一铟钢带尺，带上标有刻划，数字注在尺边上。尺上有两排彼此错开的注记，右边一排注记从零开始，称为基本分划；左边一排为辅助分划。分划间距有 1 cm 和 0.5 cm 两种，基本分划和辅助分划的注记有一差数 $K = 3.015\ 5$ m，称为基辅差，如图 2-2-3 所示。

如图 2-2-4 所示，转动测微螺旋，使十字丝的楔形丝夹住一基本分划，如图中的 148 cm，并在读数窗中读取测微读数 650（即 0.006 50 m）得全读数 1.486 5 m；同法读取辅助分划读数。其读数与主读数应相差 K 值，由于存在读数误差，不可能完全相等，其差值应不超过国家规范要求。

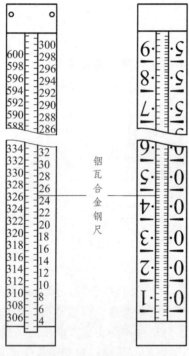

钢瓦合金钢尺

图 2-2-3　精密水准尺

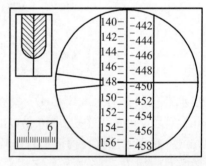

图 2-2-4　精密水准尺读数

3）精密水准仪的使用

精密水准仪的使用方法与普通水准仪基本相同，现简述如下：

（1）测站安置仪器并粗平。

（2）瞄准标尺并消除视差。

（3）精平是由仪器自动安平装置完成，观测时只需轻轻按动补偿器控制按钮，2 s 后即可读数。

4. 数字水准仪认识

前面学习的水准仪都是传统的光学仪器，虽然精度很高，但都需要人工读数，因而易出读数差错，且劳动强度大，效率低。自 20 世纪 70 年代起，在电子技术发展进步的基础上人们一直寻找利用电子技术制造出能自动读数的水准仪。经过许多挫折，1990 年 3 月，徕卡公司推出了世界上第一台实用的数字水准仪 NA2000。此后，各大测绘仪器公司都陆续推出了自己的数字水准仪。数字水准仪融电子技术、编码技术、图像处理技术于一体，具有速度快、精度高、操作简便、减轻作业员劳动强度、易于实现内外业一体化等优点。水准测量仪器正处于数字水准仪代替传统水准仪的时期。

1）数字水准仪基本原理

数字水准仪与传统水准仪的不同之处在于采用编码图像识别处理系统和相应的编码图像标尺。编码标尺由宽窄不同和间隔不等的条码组成，所以又称为条码标尺。数字水准仪的图像识别系统则由光敏二极管阵列探测器和相关的电子数字图像处理系统组成。

当仪器置平并照准条码标尺后，视准线上下一定范围的标尺条码的像经仪器光学系统成像在光敏二极管阵列探测器上。电子数字图像处理系统将阵列探测器接收到的图像转换成数字视频信号再与仪器内预存的标准代码参考信号进行相关比对，移动测量信号与参考信号最佳符合，从而得到视线在标尺上的位置，经数字化后得到读数。比对上下丝的视频信号及条码成像的比例，可以得到视距。当视距不同时，标尺条码在仪器内的成像大小不同，需放大或缩小视频图像至恰当的比例才能正确地进行比对。为迅速比对，由调焦螺旋的调焦位置提供概略视距。数字水准仪的基本读数原理如图 2-2-5 所示。

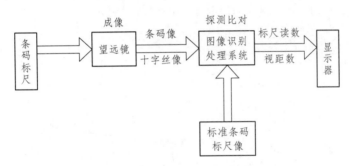

图 2-2-5　数字水准仪的基本读数原理

2）Trimble DINI03 数字水准仪和水准尺的构造及使用

利用仪器里的十字丝瞄准的电子照相机 ，当您按下了 Measure 测量键时，仪器就会把您瞄准并调焦好的尺子上的条码图片来一个快照，然后把它和仪器内存中的同样的尺子条码图片进行比较和计算。这样，一个尺子的读数就可以计算出来并且保存在内存中了。对于该仪器的构造和水准尺分别如图 2-2-6 和图 2-2-7 所示。

图 2-2-6　Trimble DiNi03 水准仪

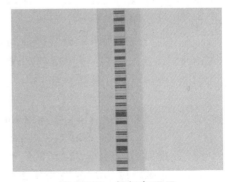

图 2-2-7　铟钢条码尺

2.2.3.2　精密水准测量的主要误差来源及其影响

在进行精密水准测量时，会受到各种误差的影响，在这一节中就几种主要的误差进行分析，并讨论对精密水准测量观测成果的影响。

1. 视准轴与水准轴不平行的误差

1）i 角的误差影响

虽然经过 i 角的检验校正，但要使两轴完全保持平行是困难的，因此，当水准气泡居中时，视准轴仍不能保持水平，使水准标尺上的读数产生误差，并且与视距成正比。

图 2-2-8 中，$s_{前}$，$s_{后}$ 为前后视距，由于存在 i 角，并假设 i 角不变的情况下，在前后水准标尺上的读数误差分别为 $i'' \cdot s_{前} / \rho''$ 和 $i'' \cdot s_{后} / \rho''$，对高差的误差影响为：

$$\delta_s = i''(s_{后} - s_{前})\frac{1}{\rho''}$$

（2-2-1）

对于两个水准点之间一个测段的高差总和的误差影响为：

$$\sum \delta_s = i''\left(\sum s_{后} - \sum s_{前}\right)\frac{1}{\rho''}$$

（2-2-2）

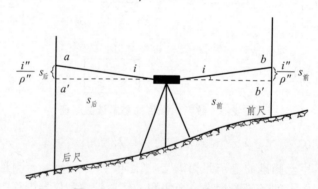

图 2-2-8　i 角的误差影响示意图

由此可见，在 i 角保持不变的情况下，一个测站上的前后视距相等或一个测段的前后视距总和相等，则在观测高差中由于 i 角的误差影响可以得到消除。但在实际作业中，要求前后视距完全相等是困难的。

下面讨论前后视距不等差的容许值问题。

设 $i = 15''$，要求 δ_s 对高差的影响小到可以忽略不计的程度，如 $\delta_s = 0.1$ mm，那么前后视距之差的容许值可由下式算得，即：

$$(s_{后} - s_{前}) \leqslant \frac{\delta_s}{i''}\rho \approx 1.4 \text{ (m)}$$

（2-2-3）

为了顾及观测时各种外界因素的影响，所以规定，二等水准测量前后视距差应 ≤ 1 m。为了使各种误差不致累积起来，还规定由测段第一个测站开始至每一测站前后视距累积差，对于二等水准测量而言应 ≤ 3 m。

2）φ角误差的影响

当仪器不存在 i 角，则在仪器的垂直轴严格垂直时，交叉误差 φ 并不影响在水准标尺上的读数，因为仪器在水平方向转动时，视准轴与水准轴在垂直面上的投影仍保持互相平行，因此对水准测量并无不利影响。但当仪器的垂直轴倾斜时，如与视准轴正交的方向倾斜一个角度，那么这时视准轴虽然仍在水平位置，但水准轴两端却产生倾斜，从而水准气泡偏离居中位置，仪器在水平方向转动时，水准气泡将移动，当重新调整水准气泡居中进行观测时，视准轴就会偏离水平位置而倾斜，显然它将影响在水准标尺上的读数。为了减少这种误差对水准测量成果的影响，应对水准仪上的圆水准器进行检验与校正和对交叉误差 φ 进行检验与校正。

3）温度变化对 i 角的影响

精密水准仪的水准管框架是同望远镜筒固连的，为了使水准轴与视准轴的联系比较稳固，这些部件是采用铟瓦合金钢制造的，并把镜筒和框架整体装置在一个隔热性能良好的套筒中，以防止由于温度的变化，使仪器有关部件产生不同程度的膨胀或收缩，而引起 i 角的变化。但是当温度变化时，完全避免 i 角的变化是不可能的。例如仪器受热的部位不同，对 i 角的影响也显著不同，当太阳射向物镜和目镜端影响最大，旁射水准管一侧时，影响较小，旁射与水准管相对的另一侧时，影响最小。因此，温度的变化对 i 角的影响是极其复杂的，实验结果表明，当仪器周围的温度均匀地每变化 $1\ ^\circ\text{C}$ 时，i 角将平均变化约为 $0.5''$，有时甚至更大些，有时竟可达到 $1'' \sim 2''$。

由于 i 角受温度变化的影响很复杂，因而对观测高差的影响是难以用改变观测程序的办法来完全消除，而且，这种误差影响在往返测不符值中也不能完全被发现，这就使高差中数受到系统性的误差影响，因此，减弱这种误差影响最有效的办法是减少仪器受辐射热的影响，如观测时要打伞，避免日光直接照射仪器，以减小 i 角的复杂变化，同时，在观测开始前应将仪器预先从箱中取出，使仪器充分地与周围空气温度一致。

如果我们认为在观测的较短时间段内，由于受温度的影响，i 角与时间成比例地均匀变化，则可以采取改变观测程序的方法在一定程度上来消除或削弱这种误差对观测高差的影响。两相邻测站Ⅰ、Ⅱ对于基本分划如按下列①、②、③、④程序观测，即：

在测站Ⅰ上：①后视　②前视

在测站Ⅱ上：③前视　④后视

则由图2-2-9可知，对测站Ⅰ、Ⅱ观测高差的影响分别为 $-s(i_2-i_1)$ 和 $+s(i_4-i_3)$，s 为视距，i_1、i_2、i_3、i_4 为每次读数变化了的 i 角。

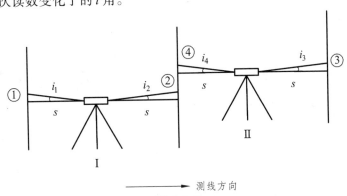

图 2-2-9

由于我们认为在观测的较短时间段内，i 角与时间成比例地均匀变化，所以 $(i_2 - i_1) = (i_4 - i_3)$，由此可见，在测站 I、II 的观测高差之和中就抵消了由于 i 角变化的误差影响，但是，由于 i 角的变化不完全按照与时间成比例地均匀变化，因此，严格地说，$(i_2 - i_1)$ 与 $(i_4 - i_3)$ 不一定完全相等，而且相邻奇偶测站的视距也不一定相等，所以按上述程序进行观测，只能说基本上消除由于 i 角变化的误差影响。

根据同样的道理，对于相邻测站 I、II 辅助分划的观测程序应为：

在测站 I 上：①前视　　②后视

在测站 II 上：③后视　　④前视

综上所述，在相邻两个测站上，对于基本分划和辅助分划的观测程序可以归纳为：

奇数站的观测程序后（基）—前（基）—前（辅）—后（辅）

偶数站的观测程序前（基）—后（基）—后（辅）—前（辅）

所以，将测段的测站数安排成偶数，对于削减由于 i 角变化对观测高差的误差影响也是必要的。

2. 水准标尺长度误差的影响

1）水准标尺每米长度误差的影响

在精密水准测量作业中必须使用经过检验的水准标尺。设 f 为水准标尺每米间隔平均真长误差，则对一个测站的观测高差 h 应加的改正数为：

$$\delta_f = hf \qquad\qquad (2\text{-}2\text{-}4)$$

对于一个测段来说，应加的改正数为：

$$\sum \delta_f = f \sum h \qquad\qquad (2\text{-}2\text{-}5)$$

式中　$\sum h$ —— 一个测段各测站观测高差之和。

2）两水准标尺零点差的影响

两水准标尺的零点误差不等，设 a，b 水准标尺的零点误差分别 Δa 和 Δb，它们都会在水准标尺上产生误差。

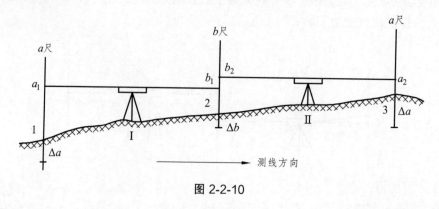

图 2-2-10

如图 2-2-10 所示，在测站 I 上顾及两水准标尺的零点误差对前后视水准标尺上读数 b_1

和 a_1 的影响，则测站 I 的观测高差为：

$$h_{12} = (a_1 - \Delta a) - (b_1 - \Delta b) = (a_1 - b_1) - \Delta a + \Delta b \tag{2-2-6}$$

在测站 II 上，顾及两水准标尺零点误差对前后视水准标尺上读数 a_2 和 b_2 的影响，则测站 II 的观测高差为：

$$h_{23} = (b_2 - \Delta b) - (a_2 - \Delta a) = (b_2 - a_2) - \Delta b + \Delta a \tag{2-2-7}$$

则 1、3 点的高差，即 I、II 测站所测高差之和为：

$$h_{13} = h_{12} + h_{23} = (a_1 - b_1) + (b_2 - a_2) \tag{2-2-8}$$

由此可见，尽管两水准标尺的零点误差 $\Delta a \neq \Delta b$，但在两相邻测站的观测高差之和中，抵消了这种误差的影响，故在实际水准测量作业中各测段的测站数目应安排成偶数，且在相邻测站上使两水准标尺轮流作为前视尺和后视尺。

3. 仪器和水准标尺（尺台或尺桩）垂直位移的影响

仪器和水准标尺在垂直方向位移所产生的误差，是精密水准测量系统误差的重要来源。

按图 2-2-11 中的观测程序，当仪器的脚架随时间而逐渐下沉时，在读完后视基本分划读数转向前视基本分划读数的时间内，由于仪器的下沉，视线将有所下降，而使前视基本分划读数偏小。同理，由于仪器的下沉，后视辅助分划读数偏小，如果前视基本分划和后视辅助分划的读数偏小的量相同，则采用"后前前后"的观测程序所测得的基辅高差的平均值中，可以较好地消除这项误差影响。

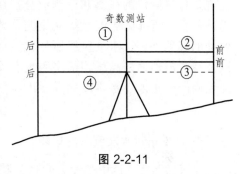

图 2-2-11

水准标尺（尺台或尺桩）的垂直位移，主要是发生在迁站的过程中，由原来的前视尺转为后视尺而产生下沉，于是总使后视读数偏大，使各测站的观测高差都偏大，成为系统性的误差影响。这种误差影响在往返测高差的平均值中可以得到有效的抵偿，所以水准测量一般都要求进行往返测。

在实际作业中，我们要尽量设法减少水准标尺的垂直位移，如立尺点要选在中等坚实的土壤上；水准标尺立于尺台后至少要半分钟后才进行观测，这样可以减少其垂直位移量，从而减少其误差影响。

有时仪器脚架和尺台（或尺桩）也会发生上升现象，就是当我们用力将脚架或尺台压入地下之后，在我们不再用力的情况下，土壤的反作用有时会使脚架或尺台逐渐上升，如果水准测量路线沿着土壤性质相同的路线布设，而每次都有这种上升的现象发生，结果会产生系统性质的误差影响，根据研究，这种误差可以达到相当大的数值。

4. 大气垂直折光的影响

近地面大气层的密度分布一般随离开地面的高度而变化，也就是说，近地面大气层的密度存在着梯度。因此，光线通过在不断按梯度变化的大气层时，会引起折射系数的不断变化，导致视线成为一条各点具有不同曲率的曲线，在垂直方向产生弯曲，并且弯向密度较大的一方，这种现象叫作大气垂直折光。

如果在地势较为平坦的地区进行水准测量时，前后视距相等，则折光影响相同，使视线弯曲的程度也相同，因此，在观测高差中就可以消除这种误差影响。但是，由于越接近地面的大气层，密度的梯度越大，前后视线离地面的高度不同，视线所通过大气层的密度也不同，折光影响也就不同，所以前后视线在垂直面内的弯曲程度也不同。如水准测量通过一个较长的坡度时，由于前视视线离地面的高度总是大于（或小于）后视视线离地面的高度，当上坡时前视所受的折光影响比后视要大，视线弯曲凸向下方，这时，垂直折光对高差将产生系统性质误差影响。为了减弱垂直折光对观测高差的影响，应使前后视距尽量相等，并使视线离地面有足够的高度，在坡度较大的水准路线上进行作业时应适当缩短视距。

大气密度的变化还受到温度等因素的影响。上午由于地面吸热，使得地面上的大气层离地面越高温度越低；中午以后，由于地面逐渐散热，地面温度开始低于大气的温度。因此，垂直折光的影响，还与一天内的不同时间有关，在日出后半小时左右和日落前半小时左右这两段时间内，由于地表面的吸热和散热，使近地面的大气密度和折光差变化迅速而无规律，故不宜进行观测；在中午一段时间内，由于太阳强烈照射，使空气对流剧烈，致使目标成像不稳定．也不宜进行观测。为了减弱垂直折光对观测高差的影响，《水准规范》还规定每一测段的往测和返测应分别在上午或下午，这样在往返测观测高差的平均值中可以减弱垂直折光的影响。折光影响是精密水准测量一项主要的误差来源，它的影响与观测所处的气象条件，水准路线所处的地理位置和自然环境，观测时间，视线长度，测站高差以及视线离地面的高度等诸多因素有关。虽然当前已有一些试图计算折光改正数的公式，但精确的改正值还是难以测算。因此，在精密水准测量作业时必须严格遵守水准规范中的有关规定。

5. 电磁场对水准测量的影响

在国民经济建设中敷设大功率、超高压输电线，为的是使电能通过空中电线或地下电缆向远距离输送。根据研究发现输电线经过的地带所产生的电磁场，对光线，其中包括对水准测量视准线位置的正确性有系统性的影响，并与电流强度有关。输电线所形成的电磁场对平行于电磁场和正交于电磁场的视准线将有不同影响，因此，在设计高程控制网布设水准路线时，必须考虑到通过大功率、超高压输电线附近的视线直线性所发生的重大变形。

近几年来初步研究的结果表明，为了避免这种系统性的影响，在布设与输电线平行的水准路线时，必须使水准线路离输电线 50 m 以外，如果水准线路与输电线相交，则其交角应为直角，并且应将水准仪严格地安置在输电线的下方，标尺点与输电线成对称布置，这样，照准后视和前视水准标尺的视准线直线性的变形可以互相抵消。

6. 观测误差的影响

精密水准测量的观测误差，主要有水准器气泡居中的误差，照准水准标尺上分划的误差和读数误差，这些误差都是属于偶然性质的。由于精密水准仪有倾斜螺旋和符合水准器，并有光学测微器装置，可以提高读数精度，同时用楔形丝照准水准标尺上的分划线，这样可以减小照准误差，因此，这些误差影响都可以有效地控制在很小的范围内。实验结果分析表明，这些误差在每测站上由基辅分划所得观测高差的平均值中的影响还不到 0.1 mm。

2.2.3.3　精密水准测量的实施

精密水准测量一般指国家一、二等水准测量，在各项工程的不同建设阶段的高程控制测量中，极少进行一等水准测量，故在工程测量技术规范中，将水准测量分为二、三、四等 3 个等级，其精度指标与国家水准测量的相应等级一致。

下面以二等水准测量为例来说明精密水准测量的实施。

1. 精密水准测量作业的一般规定

在前一节中，分析了有关水准测量的各项主要误差的来源及其影响。根据各种误差的性质及其影响规律，《水准规范》中对精密水准测量的实施作出了各种相应的规定，目的在于尽可能消除或减弱各种误差对观测成果的影响。

（1）观测前 30 min，应将仪器置于露天阴影处，使仪器与外界气温趋于一致；观测时应用测伞遮蔽阳光；迁站时应罩以仪器罩。

（2）仪器距前、后视水准标尺的距离应尽量相等，其差应小于规定的限值：二等水准测量中规定，一测站前、后视距差应小于 1.0 m，前、后视距累积差应小于 3 m。这样，可以消除或削弱与距离有关的各种误差对观测高差的影响，如 i 角误差和垂直折光等影响。

（3）对气泡式水准仪，观测前应测出倾斜螺旋的置平零点，并作标记，随着气温变化，应随时调整置平零点的位置。对于自动安平水准仪的圆水准器，须严格置平。

（4）同一测站上观测时，不得两次调焦；转动仪器的倾斜螺旋和测微螺旋，其最后旋转方向均应为旋进，以避免倾斜螺旋和测微器隙动差对观测成果的影响。

（5）在两相邻测站上，应按奇、偶数测站的观测程序进行观测，对于往测奇数测站按"后前前后"、偶数测站按"前后后前"的观测程序在相邻测站上交替进行。返测时，奇数测站与偶数测站的观测程序与往测时相反，即奇数测站由前视开始，偶数测站由后视开始。这样的观测程序可以消除或减弱与时间成比例均匀变化的误差对观测高差的影响，如 i 角的变化和仪器的垂直位移等影响。

（6）在连续各测站上安置水准仪时，应使其中两脚螺旋与水准路线方向平行，而第三脚螺旋轮换置于路线方向的左侧与右侧。

（7）每一测段的往测与返测，其测站数均应为偶数，由往测转向返测时，两水准标尺应互换位置，并应重新整置仪器。在水准路线上每一测段测站安排成偶数，可以削减两水准标尺零点不等差等误差对观测高差的影响。

（8）每一测段的水准测量路线应进行往测和返测，这样，可以消除或减弱性质相同、正负号也相同的误差影响，如水准标尺垂直位移的误差影响。

（9）一个测段的水准测量路线的往测和返测应在不同的气象条件下进行，如分别在上午和下午观测。

（10）使用补偿式自动安平水准仪观测的操作程序与水准器水准仪相同。观测前对圆水准器应严格检验与校正，观测时应严格使圆水准器气泡居中。

（11）水准测量的观测工作间歇时，最好能结束在固定的水准点上，否则，应选择两个坚稳可靠、光滑突出、便于放置水准标尺的固定点，作为间歇点加以标记，间歇后，应对两个间歇点的高差进行检测，检测结果如符合限差要求（对于二等水准测量，规定检测间歇点高差之差应≤1.0 mm），就可以从间歇点起测。若仅能选定一个固定点作为间歇点，则在间歇后应仔细检视，确认没有发生任何位移，方可由间歇点起测。

2. 精密水准测量观测

1）测站观测程序

往测时，奇数测站照准水准标尺分划的顺序为：

后视标尺的基本分划；

前视标尺的基本分划；

前视标尺的辅助分划；

后视标尺的辅助分划。

往测时，偶数测站照准水准标尺分划的顺序为：

前视标尺的基本分划；

后视标尺的基本分划；

后视标尺的辅助分划；

前视标尺的辅助分划。

返测时，奇、偶数测站照准标尺的顺序分别与往测偶、奇数测站相同。

按光学测微法进行观测，以往测奇数测站为例，一测站的操作程序如下：

（1）置平仪器。气泡式水准仪望远镜绕垂直轴旋转时，水准气泡两端影像的分离，不得超过1 cm，对于自动安平水准仪，要求圆气泡位于指标圆环中央。

（2）将望远镜照准后视水准标尺，使符合水准气泡两端影像近于符合随后用上、下丝分别照准标尺基本分划进行视距读数（见表2-2-2中的（1）和（2））。视距读取4位，第四位数由测微器直接读得。然后，使符合水准气泡两端影像精确符合，使用测微螺旋用楔形平分线精确照准标尺的基本分划，并读取标尺基本分划和测微分划的读数（3）。测微分划读数取至测微器最小分划。

（3）旋转望远镜照准前视标尺，并使符合水准气泡两端影像精确符合，用楔形平分线照准标尺基本分划，并读取标尺基本分划和测微分划的读数（4）。然后用上、下丝分别照准标尺基本分划进行视距读数（5）和（6）。

（4）用水平微动螺旋使望远镜照准前视标尺的辅助分划，并使符合气泡两端影像精确符合，用楔形平分线精确照准并进行标尺辅助分划与测微分划读数（7）。

（5）旋转望远镜，照准后视标尺的辅助分划，并使符合水准气泡两端影像精确符合，用楔形平分线精确照准并进行辅助分划与测微分划读数（8）。表2-2-2中第（1）至（8）栏是读数的记录部分，（9）至（18）栏是计算部分，现以往测奇数测站的观测程序为例，来说明计算内容与计算步骤。

视距部分的计算：

$$(9) = (1) - (2)$$

$$(10) = (5) - (6)$$

$$(11) = (9) - (10)$$

$$(12) = (11) + (前站(12))$$

高差部分的计算与检核：

$$(14) = (3) + K - (8)$$

式中 K——基辅差（对于 N_3 水准标尺而言 $K = 3.0155\,\mathrm{m}$）

$$(13) = (4) + K - (7)$$

$$(15) = (3) - (4)$$

$$(16) = (8) - (7)$$

$$(17) = (14) - (13) = (15) - (16) 检核$$

$$(18) = \frac{1}{2}[(15) + (16)]$$

表 2-2-2

测站编号	后尺 上丝 下丝		前尺 上丝 下丝		方向及尺号	标尺读数		基+K－辅 /mm	高差中数/m
	后视距/m		前视距/m			基本分划	辅助分划		
	视距差 d/m		$\sum d$/m						
	（1）		（5）		后	（3）	（8）	（14）	（18）
	（2）		（6）		前	（4）	（7）	（13）	
	（9）		（10）		后－前	（15）	（16）	（17）	
	（11）		（12）						
					后				
					前				
					后－前				
					后				
					前				
					后－前				
					后				
					前				
					后－前				

以上即一测站全部操作与观测过程。

2）一、二等精密水准测量外业计算尾数取位如表 2-2-3 规定

表 2-2-3

项目 等级	往（返）测 距离总和/km	测段距离 中数/km	各测站高差 /mm）	往（返）测 高差总和/mm	测段高差中 /mm	水准点高程 /mm
一	0.01	0.1	0.01	0.01	0.1	1
二	0.01	0.1	0.01	0.01	0.1	1

注：《国家一、二等水准测量规范》GB/T 12897—2006 中水准观测读数和记录的数字取位：使用 DS1 级仪器，
应读记至 0.1 mm。

表 2-2-2 中的观测数据系用 N_3 精密水准仪测得的，当用 S_1 型或 Ni 004 精密水准仪进行观测时，由于这种水准仪配套的水准标尺无辅助分划，故在记录表格中基本分划与辅助分划的记录栏内，分别记入第一次和第二次读数。

3. 主要技术要求

1）测站观测限差（见表 2-2-4）

表 2-2-4　测站观测限差

等级	上下丝读数平均值与中丝读数之差/mm		基辅分划读数差 /mm	基辅分划所测 高差之差/mm	检测间歇点高差 的差/mm
	0.5 cm 刻划标尺	1 cm 刻划标尺			
一等	1.5	3.0	0.3	0.4	0.7
二等	1.5	3.0	0.4	0.6	1.0

2）主要技术要求（见表 2-2-5 及表 2-2-6）

表 2-2-5　水准测量的主要技术要求（一）

等级	仪器 类型	视线长度		前后视距差		任一测站前后视 距差累积		视线高度		数字水 准仪重 复测量 次数
		光学	数字	光学	数字	光学	数字	光学	数字	
一等	DSZ05 DS05	≤30	≥4且≤30	≤0.5	≤1.0	≤1.5	≤3.0	≥0.5	≤2.80且≥0.65	≥3 次
二等	DSZ1 DS1	≤50	≥3且≤50	≤1.0	≤1.5	≤3.0	≤6.0	≥0.3	≤2.80且≥0.55	≥2 次

表 2-2-6　水准测量的主要技术要求（二）

等级	测段、区段、路线往返测 高差不符值/mm	附合路线闭合差/mm	环闭合差/mm	检测已测测段高差 之差/mm
一等	$1.8\sqrt{k}$	—	$\pm2\sqrt{F}$	$\pm6\sqrt{R}$
二等	$4\sqrt{k}$	$\pm4\sqrt{L}$	$\pm4\sqrt{F}$	$\pm6\sqrt{R}$

若测段路线往返测较差超限，应先就可靠程度较小的往测或返测进行整测段重测；附合路线和环线闭合差超限，应就路线上可靠程度较小，往返测高差较差较大或观测条件较差的某些测段进行重测，如重测后仍不符合限差，则需重测其他测段。

4. 水准路线测量的精度

水准路线测量的精度根据往返测的高差不符值来评定，因为往返测的高差不符值集中反映了水准测量各种误差的共同影响，这些误差对水准测量精度的影响，不论其性质和变化规律都是极其复杂的，其中有偶然误差的影响，也有系统误差的影响。

根据研究和分析可知，在短距离，如一个测段的往返测高差不符值中，偶然误差是得到反映的，虽然也不排除有系统误差的影响，但毕竟由于距离短，所以影响很微弱，因而从测段的往返高差不符值 Δ 来估计偶然中误差，还是合理的。在长的水准线路中，例如一个闭合环，影响观测的，除偶然误差外，还有系统误差，而且这种系统误差，在很长的线路上，也表现有偶然性质。环形闭合差表现为真误差的性质，因而可以利用环形闭合差 W 来估计含有偶然误差和系统误差在内的全中误差，现行《水准规范》中所采用的计算水准路线测量精度的公式，就是以这种基本思想为基础而导得的。

由 n 个测段往返测的高差不符值 Δ 计算每千米单程高差的偶然中误差（相当于单位权观测中误差）的公式为：

$$\mu = \pm\sqrt{\dfrac{\dfrac{1}{2}\left[\dfrac{\Delta\Delta}{R}\right]}{n}} \qquad (2\text{-}2\text{-}9)$$

往返测高差平均值的每千米偶然中误差为：

$$M_{\Delta} = \frac{1}{2}\mu = \pm\sqrt{\frac{1}{4n}\left[\frac{\Delta\Delta}{R}\right]} \qquad (2\text{-}2\text{-}10)$$

式中　Δ——各测段往返测的高差不符值（mm）；

　　　R——各测段的距离（km）；

　　　n——测段的数目。

式（2-2-10）就是《水准规范》中规定用以计算往返测高差平均值的每公里偶然中误差的公式，这个公式是不严密的，因为在计算偶然误差时，完全没有顾及系统误差的影响。顾及系统误差的严密公式，形式比较复杂，计算也比较麻烦，而所得结果与式（2-2-10）所算得的结果相差甚微，所以式（2-2-10）可以认为是具有足够可靠性的。

按《水准规范》规定，一、二等水准路线须以测段往返高差不符值按式（2-2-10）计算每公里水准测量往返高差中数的偶然中误差 M_{Δ}。当水准路线构成水准网的水准环超过 20 个时，还需按水准环闭合差 W 计算每千米水准测量高差中数的全中误差 M_W。

计算每千米水准测量高差中数的全中误差的公式为：

$$M_W = \pm\sqrt{\frac{W^T Q^{-1} W}{N}} \qquad (2\text{-}2\text{-}11)$$

式中　　W ——水准环线经过正常水准面不平行改正后计算的水准环闭合差矩阵，W 的转

$W^{\mathrm{T}} = (w_1 w_2 \cdots w_N)$，$w_i$ 为 i 环的闭合差，以 mm 为单位；

　　N ——水准环的数目；

　　Q ——协因数矩阵。

每千米水准测量往返高差中数偶然中误差 M_Δ 和全中误差 M_W 的限值列于表 2-2-7 中。偶然中误差 M_Δ 和全中误差 M_W 超限时，应分析原因，重测有关测段或路线。

表 2-2-7

等级	一等/mm	二等/mm
M_Δ	$\leqslant 0.45$	$\leqslant 1.0$
M_W	$\leqslant 1.0$	$\leqslant 2.0$

2.2.4　相关案例

【案例 1】　　　　　　　　　　**××高铁二等水准测量**

1. 任务概况

××高速铁路××段（DK665＋100～DK1309＋150）施测二等水准高程控制网。

2. 基本要求

高程系采用 1985 国家高程基准。此外，为与相邻标段衔接，要联测铁 CPI 平面点四个、二等水准点一个。

二等水准测量 1 km 偶然中误差不超过 1 mm，全中误差不超过 2 mm。测段、区段、路线往返测高差不符值不超过 $4\sqrt{K}$，符合路线闭合差不超过 $4\sqrt{L}$，检测已测测段高差之差不超过 $6\sqrt{R}$。二等水准点按每 2 km 设置一个，并位于离开线路中线 50～150 m 内。重点工程地段根据实际情况增设。二等水准按附合路线或闭合路线观测，不能按支水准路线观测。

二等水准点在满足 CPI、CPⅡ对点位的要求时，可与 CPI、CPⅡ 共用。

3. 二等水准路线布设与埋石

（1）水准线路布设。

二等水准测量线路基本沿线路布设按附合水准或闭合水准，点间距为 2 km 左右。对沿线的一、二等水准点进行联测。以可靠、稳定的一等水准点作为高程起算和构成附合线路或闭合线路，利用二等水准点作为高程检查。水准点可不进行重力测量。

根据××省地质调查研究设计院、××市地质调查研究设计院《××高速铁路××段地面沉降地区轨道结构类型选择研究报告》，××段（DK1112＋500～DK1305＋121）段，线路长 193.769 km 为地面沉降区。

因此，为了保证××高速铁路的顺利施工和运营维护的需要，结合沿线工程地质条件和施工经验，沿线需要布设基岩点、深埋水准点和一般水准点三种类型的高程控制点，组成统一的高程控制网。

水准点的高程采用正常高，按照 1985 国家高程基准起算。

（2）水准点选点。

高程路线尽量沿便道进行，水准点选点必须保证地基坚实稳定，不受施工影响，利于标石的长期保存与观测。水准点离高速铁路施工中线距离 50～150 m 为宜，深埋水准点离高速铁路施工中线距离 50～400 m 为宜。

深埋水准点：本标段地质条件较好，但为了给本工程提供稳定的高程基准和运营维护的需要，考虑每 28 km 左右布设一个深埋水准点，计划布设 14 个，标段地处区域性地面沉降区，计划按每 18 km 左右设置一个深埋水准点，计划布设 12 个。这样本标段共计布设 26 个深埋水准点。

一般水准点：《客运专线铁路无砟轨道工程测量技术暂行规定》要求一般不大于 2 km 一个。下列地点不应选埋水准点：

① 易受水淹、潮湿或地下水位较高的地点；

② 易发生土崩、滑坡、沉陷等地面局部变形的地区；

③ 土质松软的地点；

④ 距已有铁路 50 m、公路 30 m 以内；

⑤ 在修建铁路及其设施时可能毁坏标石的地点；

⑥ 地形隐蔽不便观测的地点。

（3）水准点编号。

水准点编号为 BS XXX（三位流水号）。流水号自北向南编排，点号唯一。分段测量时，可预设每段编号，预设编号不够用时，可在编号后加支点编号，如 BS366-1。

（4）水准点标石及点之记。

一般水准点标石及标心与 CPI、CPⅡ相同。埋石在现场浇灌，挖坑后底部要夯实，先浇灌底部，待基本凝固后再用模板浇灌上部，并插入不锈钢标心，保持标心垂直和半球露出混凝土（1～2 cm）。每个水准点埋设后，绘制点之记图。在水准点标石埋石中应对部分标石的坑位、标石浇灌进行照相记录。影像文件名与水准点号对应。标石编号用字模压制，字头朝前进方向，即朝上海方向，并用红油漆填写字体。

（5）深埋水准点的埋设。

水准点根据沿线地层情况，埋设至持力层，预计深度 40 m（最大深度 40 m），不足 40 m 的必须钻孔到基岩，其埋设位置及深度见深埋水准点布置表，深埋水准点的埋设标准如附图所示。

深埋水准点编号为 BS001～026（三位流水号）。流水号自北向南编排，点号唯一。

深埋水准点标面按设计院提供的字模进行整饰。其标盖厚度不小于 5 cm，正面表面上部刻字为"深埋基准水准标"，下部为"××客运专线"。

① 施工工艺：

A 定位：根据工程需求，现场确定具体点的埋设位置。

B 钻进成孔：采用 GC150～300 型工程钻机、ϕ130 三翼钻头钻进至要求层位深度，测定孔深。

② 质量要求：

A：孔深误差<1/1 000。

B：孔斜<1°。

C：如不足 40 m 为基岩的钢管到基岩基础中不小于 30 cm。

D：钢管为 ϕ108，钢管连接应牢固。钢管打入后，钢管内应用水泥砂浆或细石混凝土填实。

E：钢管上部应锲入水准标石，钢管锲入标石一般在 1.2 m 左右，钢管在标石的中心。

（6）普通水准点埋设标准。

按《国家一、二等水准测量规范》（GB/T 12897—2006）规定，标石点的稳定，一般地区至少需经过一个雨季。根据施工情况，很难按这一规定实施。只能采取应急措施，标石全部现场浇灌，分层夯实和适当浇水养护。同时在整体上应在明年安排复测。

水准点标石规格及埋石要求如图 2-3-12 所示。

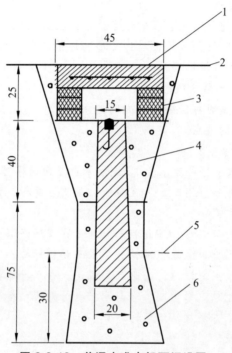

图 2-2-12　普通水准点标石埋设图

1—盖；2—土面；3—砖；4—素土；5—冻土线；6—贫混凝土

4. 水准测量

（1）二等水准网按照国家二等水准测量标准施测，以联测的基岩点为起算点，进行整体严密平差计算。

（2）CPⅢ高程控制网，在二等水准网基础上，按照国家二等水准测量标准施测，起闭于二等水准点。

（3）使用 Leica NA3003/Trimble Dini12 精密电子水准仪或同精度的其他电子水准仪，2 m 或 3 m 铟瓦条码水准尺，自动观测记录，采用单路线往返观测，一条路线的往返测必须使用同一类型仪器和转点尺垫，沿同一路线进行。观测成果的重测和取舍按《国家一、二等水准测量规范》（GB/T 12897—2006）有关要求执行。

（4）观测时，视线长度≤50 m，前后视距差≤1.5 m，前后视距累积差≤6.0 m，视线高度≥0.3 m；测站限差：两次读数差≤0.4 mm，两次所测高差之差≤0.6 mm，检测间歇点高差之差≤1.0 mm。

一组往返测宜安排在不同的时间段进行；由往测转向返测时，应互换前后尺再进行观测；晴天观测时应给仪器打伞，避免阳光直射；扶尺时应借助尺撑，使标尺上的气泡居中，标尺垂直。

跨越较大河流或水域时，应按《国家一、二等水准测量规范》（GB/T 12897—2006）跨河水准测量有关技术要求执行。

（5）由于全线大部分为桥梁，桥梁高平均 10 m，如果采用精密的水准测量实施难度很大，采用不量仪器高、棱镜高的三角高程测量方法与二等水准测量相结合的方法解决高程传递问题。水准线路分段布设，每隔 2 km 左右与地面二等水准点联测一次。采用不量仪器高、棱镜高的三角高程测量方法。具体要求如下：

① 垂直角观测的技术要求。使用的测角仪器：垂直角测角中误差必须小于 $\pm 1.0''$。

② 距离测量。使用的测距仪器：测距仪的标称精度必须达到 $\pm 1\ mm + 1 \times 10^{-6}$。

③ 操作要求。前后视所用的棱镜必须是同一个，不必量取其高度。

④ 观测要求。测量的技术要求和二等水准测量精度要求如表 2-2-8、表 2-2-9 所示。

表 2-2-8 测量的技术要求

垂直角测量				距离测量			
测回数	两次读数差	测回间指标差互差	测回差	测回数	每测读数次数	四次读数差	测回差
4	$\leqslant \pm 1.0''$	$\leqslant \pm 3.0''$	$\leqslant \pm 2.0''$	2	4	$\leqslant \pm 2.0\ mm$	$\leqslant \pm 2.0\ mm$

表 2-2-9 二等水准测量精度要求

水准测量等级	每千米水准测量偶然中误差 M_Δ /mm	每千米水准测量全中误差 M_W/mm	限差/mm			
			检测已测段高差之差	往返测不符值	附合路线或环线闭合差	左右路线高差不符值
二等水准	$\leqslant 1.0$	$\leqslant 2.0$	$6\sqrt{L}$	$4\sqrt{L}$	$4\sqrt{L}$	—

水准测量观测顺序如下：

① 往测奇数站：后视基本分划、前视基本分划、前视辅助分划、后视辅助分划。

② 往测偶数站：前视基本分划、后视基本分划、后视辅助分划、前视辅助分划。

③ 返测时，奇数站的观测顺序同往测偶数站，偶数站的观测顺序同往测奇数站。

④ 测段间测站数应为偶数。

由于水准点之间距离较短，观测中一般不设间歇点。

5. 联测

精密三角高程测量应尽量与线路附近可靠的一等水准点联测，构成附合路线，其长度不超过 300 km，高差闭合差不超出 $\pm 4\sqrt{L}$ mm。或和二等水准点联测，以检查精密三角高程测量高程，高差不符值不超出 $\pm 6\sqrt{L}$ mm。

6. 计　算

（1）1 km 测量偶然中误差计算。

单棱镜往返观测按往返测高差计算高差不符值，高低双棱镜观测分别按高棱镜和低棱镜计算高差求高差不符值。

1 km 测量偶然中误差为：

$$M_\Delta = \pm\sqrt{(\Delta\Delta/L)/(4\cdot n)}$$

式中　Δ——高差不符值（mm）；

L——测段长（km）；

n——测段数。

（2）正常水准面不平行改正数计算。

观测高差归算为正常高高差应加入正常水准面不平行改正数，其计算公式为：

$$\varepsilon_i = -AH_i\Delta\varphi_i$$

式中　ε_i——第 i 测段的正常水准面不平行改正数（mm）；

A——常系数，可在正常水准面不平行改正数的系数表中查取；

H_i——测段始末点的近似高程（m）；

$\Delta\varphi_i$——测段始末点的纬度差（′）。

2.2.5　知识拓展——常用的高程系统

1. 正高高程系

正高高程系是以大地水准面为高程基准面，地面上任一点的正高高程（简称正高），即该点沿垂线方向至大地水准面的距离。如图 2-2-13 中，B 点的正高，设以 $H_{正}^B$ 表示，则有

$$H_{正}^B = \sum_{BC}\Delta H = \int_{BC}\mathrm{d}H \qquad (2\text{-}2\text{-}12)$$

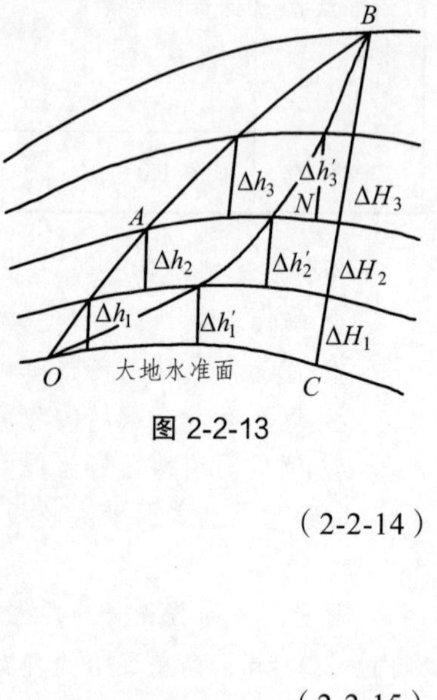

设沿垂线 BC 的重力加速度用 g_B 表示，在垂线 BC 的不同点上，g_B 也有不同的数值。由式（2-2-12）的关系可以写出

$$g_B\mathrm{d}H = g\mathrm{d}h \qquad (2\text{-}2\text{-}13)$$

或

$$\mathrm{d}H = \frac{g}{g_B}\mathrm{d}h \qquad (2\text{-}2\text{-}14)$$

图 2-2-13

将式（2-2-14）代入式（2-2-12）中，得：

$$H_{正}^B = \int_{BC}\mathrm{d}H = \int_{OAB}\frac{g}{g_B}\mathrm{d}h \qquad (2\text{-}2\text{-}15)$$

如果取垂线 BC 上重力加速度的平均值为 g_m^B，上式又可写为：

$$H_{正}^B = \frac{1}{g_m^B} \int_{OAB} g\mathrm{d}h \qquad (2\text{-}2\text{-}16)$$

从式（2-2-16）可以看出，某点 B 的正高不随水准测量路线的不同而有差异，这是因为式中 g_m^B 为常数，$\int g\mathrm{d}h$ 为过 B 点的水准面与大地水准面之间的位能差，也不随路线而异，因此，正高高程是唯一确定的数值，可以用来表示地面的高程。

如果沿着水准路线每隔若干距离测定重力加速度，则式（2-2-16）中的 g 值是可以得到的。但是由于沿垂线 BC 的重力加速度 g_B 不但随深入地下深度不同而变化，而且还与地球内部物质密度的分布有关，所以重力加速度的平均值 g_m^B 并不能精确测定，也不能由公式推导出来，所以严格来说，地面一点的正高高程不能精确求得。

2. 正常高高程系

将正高系统中不能精确测定的 g_m^B 用正常重力 γ_m^B 代替，便得到另一种系统的高程，称其为正常高，用公式表达为：

$$H_{常}^B = \frac{1}{\gamma_m^B} \int g\mathrm{d}h \qquad (2\text{-}2\text{-}17)$$

式中　g ——由沿水准测量路线的重力测量得到；

　　　$\mathrm{d}h$ ——水准测量的高差；

　　　γ_m^B ——按正常重力公式算得的正常重力平均值，所以正常高可以精确求得，其数值也不随水准路线而异，是唯一确定的。因此，我国规定采用正常高高程系统作为我国高程的统一系统。

2.2.6　相关规范、规程与标准

1. GB 50026—2007《工程测量规范》，中华人民共和国国家标准。
2. TB 10101—2009/J 961—2009《铁路工程测量规范》，中华人民共和国国家标准。
3. GB/T 12897—2006《国家一、二等水准测量规范》，中华人民共和国国家标准。

思考题与习题

1. 什么是水准仪的 i 角误差？该误差对观测成果有何影响？
2. 试述精密水准测量中的各种误差来源。
3. 简述二等水准测量的观测方法。
4. 什么是标尺的零点差，在二等水准测量中如何消除？

5. 水准测量作业时，一般要求采取下列措施：

（1）前后视距相等；

（2）按"后—前—前—后"程序操作；

（3）同一测站的前、后视方向不得作两次调焦；

试述上列措施分别可以减弱哪些误差的影响？还有哪些主要误差不能由这些措施得到消除？

6. 二等水准测量中，基辅差是多少？

7. 二等水准测量有哪些技术要求，限差分别不能超过多少？

8. 试述精密水准仪、水准尺与普通水准仪、水准尺的异同点。

9. 通过阅读资料，列举一些二等水准测量的应用实例。

任务 2.3　三角高程控制测量

2.3.1　学习目标

1. 知识目标
（1）掌握三角高程测量的基本原理；
（2）掌握光电测距三角高程观测的基本方法。

2. 能力目标
（1）方法能力：
① 具备资料搜集整理的能力；
② 具备制定、实施工作计划的能力；
③ 具备综合分析判断能力；
④ 具备能正确应用行业技术规范的能力。
（2）专业能力：
① 能够根据具体的任务，完成三角高程加密山区控制网技术设计；
② 能够根据技术设计进行高程控制点的布设；
③ 能够利用光电测距三角高程测量方法进行高程控制网的测量；
④ 能够对所测数据进行后处理，完成内业计算。
（3）社会能力：
① 具备能迁移和应用知识的能力以及善于创新和总结经验的能力；
② 具备较快适应环境的能力；
③ 具备团队协作的能力；
④ 具备诚实守信和爱岗敬业的职业道德；
⑤ 具备工作安全意识与自我保护能力。

2.3.2　工作任务

　　已知某一线路即将进入施工阶段，项目要求对所有的四等高程控制点进行复测，现要求采用三角高程测量的方法对其进行复测。

2.3.3　相关配套知识

　　三角高程测量是根据测站至观测目标点的水平距离或斜距以及竖直角，运用三角学的公式，计算获取两点间高差的方法。三角高程测量按使用仪器分为经纬仪三角高程测量和光电测距三角高程测量，前者施测精度较低，主要用于地形测量时测图高程控制；后者根据实验数据证明可以替代四等水准测量。随着光电测距仪的发展和普及，光电测距三角高程测量已广泛用于实际生产。

2.3.3.1　三角高程测量基本原理

以水平面代替大地水准面时，如图 2-3-1 所示，欲测 A、B 两点间的高差，将光电测距仪安置在 A 点上，对中、整平，用小钢尺量取仪器中心至桩顶的高度 i，B 点安置棱镜，读取棱镜高度 v，测得竖直角为 α_A，测得仪器中心到棱镜中心的倾斜距离为 S_{AB}，从图中可得，三角高程测量计算高差的基本公式，即：

$$h_{AB} = S_{AB} \times \sin \alpha_A + i - v \tag{2-3-1}$$

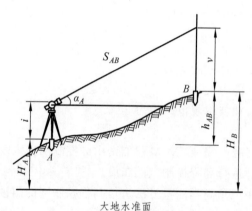

图 2-3-1　三角高程测量原理

2.3.3.2　球气差改正

在控制测量中，由于距离较长，必须考虑地球曲率和大气折光对高差的影响。

1. 地球曲率改正

以水平面代替椭球面时，地球曲率对高差有较大的影响，在水准测量中，采取前后视距离相等，消除其影响。三角高程测量是用计算值加以改正。地球曲率引起的高差误差 p，按下式计算。

$$p = \frac{D^2}{2R} \tag{2-3-2}$$

式中　D——两点间水平距离；

　　　R——地球半径，其值取地球平均半径 6 371 km。

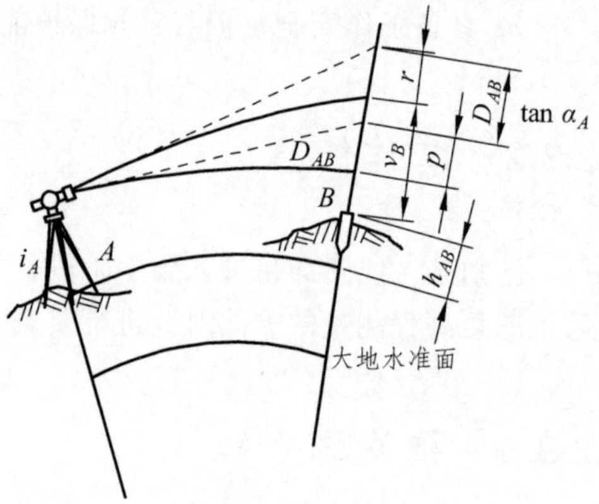

图 2-3-2　球气差改正

2. 大气折光改正

一般情况下，视线通过密度不同的大气层时，将发生连续折射，形成向下弯曲的曲线。

视线读数与理论值读数产生一个差值，这就是大气折光引起的高差误差 r，按下式计算。

$$r = \frac{D^2}{14R} \tag{2-3-3}$$

地球曲率误差和大气折光误差合并称为球气差，用 f 表示。

$$f = p - r \approx 0.43\frac{D^2}{R} \tag{2-3-4}$$

2.3.3.3　加两项改正后的高差计算式

由 A 测至 B 计算公式为：

$$h_{AB} = S_{AB}\sin\alpha_A + i_A - v_B + f \tag{2-3-5}$$

如果进行对向观测，则由 B 测至 A 计算公式为：

$$h_{BA} = S_{BA}\sin\alpha_B + i_B - v_A + f \tag{2-3-6}$$

式中　S_{AB}——为仪器中心到棱镜中心的距离；

　　　α_A——竖直角；

　　　i_A——仪器高；

　　　v_B——目标高。

2.3.3.4　电磁波测距三角高程测量观测与计算

三角高程测量一般应采用对向观测，即由 A 向 B 观测，再由 B 向 A 观测，也称为往返测。取对向观测的平均值可以消除地球曲率和大气折光的影响。

观测步骤：

（1）假定观测 A、B 两点间高差，往测时将全站仪安置于测站 A 上，进行对中、整平。将棱镜安置在 B 点，进行整平。

（2）用小卷尺量取仪器高 i，棱镜高 v（若用对中杆，可直接设置高度）。

（3）用十字丝中心照准棱镜中心，测定其斜距，用盘左、盘右观测竖直角，并根据公式（2-3-5）算出 A、B 两点间高差。

（4）往测时将全站仪安置于测站 B 上，进行对中、整平；将棱镜安置在 A 点，进行整平。

（5）用小卷尺量取仪器高 i，棱镜高 v（若用对中杆，可直接设置高度）。

（6）用十字丝中心照准棱镜中心，测定其斜距，用盘左、盘右观测竖直角，并根据公式（2-3-6）算出 B、A 两点间高差。

2.3.3.5　三角高程路线测量

三角高程路线是在两个已知高程点间，有若干个水准待定点，利用三角高程测量的方法，对每条边进行往返测定高差（见图 2-3-3）。三角高程路线中每两点之间的高差均需要往返观测，其竖直角采用盘左、盘右测定。在推算出每个测段的高差后，根据已知高程和各测段的高差计算高差闭合差，然后采用水准测量的平差方法分配闭合差，从而进一步求出待定点的高程。

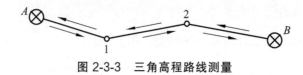

图 2-3-3　三角高程路线测量

2.3.3.6　电磁波测距三角高程测量的主要技术要求

1. 主要技术要求

电磁波测距三角高程测量的主要技术要求应符合表 2-3-1 和表 2-3-2 的要求。

（1）电磁波测距三角高程测量应采用高一级的水准测量联测一定数量的控制点，作为高程起闭数据。四等应起讫于不低于三等水准的高程点上，五等应起讫于不低于四等水准的高程点上。其边长均不应超过 1 km，边数不应超过 6 条，当边长小于 0.5 km 时，或单纯作高程控制时，边数可增加 1 倍。

表 2-3-1　电磁波测距三角高程测量的主要技术要求

等级	垂直角观测				边长观测	
	仪器精度等级	测回数	指标差较差/（"）	测回较差/（"）	仪器精度等级	观测次数
四等	2"级仪器	3	≤7"	≤7"	10 mm 级仪器	往返各一次
五等	2"级仪器	2	≤10"	≤10"	10 mm 级仪器	往一次

表 2-3-2　电磁波测距三角高程测量主要技术要求

等级	每千米高差全中误差/mm	边长/km	观测方式	对向观测高差较差/mm	附合或环线闭合差/mm
四等	10	≤1	对向观测	$40\sqrt{D}$	$20\sqrt{\sum D}$
五等	15	≤1	对向观测	$60\sqrt{D}$	$30\sqrt{\sum D}$

注：D 为测距边长，以 km 计。

（2）三角高程的边长的测定，应采用不低于 II 级精度的测距仪；四等应采用往返各一测回；五等应采用一测回；视线竖直角不超过 15°。

（3）使用全站仪进行三角高程测量时，直接选择大气折光系数值，输入仪器高和棱镜高，利用仪器高差测量模式观测。

（4）电磁波测距三角高程测量，宜布设成三角高程网或高程导线，视线高度和离开障碍物的距离不得小于 1.2 m。高程导线的闭合长度不应超过相应等级水准线路的最大长度。

（5）三等光电测距三角高程测量应按单程双对向或双程对向方法进行两组独立对向观测。测站间两组对向观测高差的平均值之较差不应大于 ±$12\sqrt{D}$ mm。

（6）所使用的仪器在作业前应按本规范附录 B 的规定进行检校，仪器检校的各项要求应符合本规范附录 B 的规定。

（7）一组测量中，当对向观测高差较差超限时，应往返重测。重测的对向观测高差较差仍然超限，但往返测高差平均值与原往返测高差平均值之差小于各等级水准测量限差时，其结果取 2 次往返测高差平均值的均值。

2. 电磁波测距三角高程测量应满足的要求

（1）光电测距三角高程测量可结合平面导线测量同时进行。

（2）仪器高和反射镜高量测，应在测前、测后各测一次，两次互差不得超过 2 mm。三、四等测量时，宜采用专用测尺或测杆量测。

（3）距离应采用不低于 II 级精度的测距仪观测，取位至 mm。测距限差应符合规范相应仪器等级的规定。导线点应作为高程转点，转点间的距离和竖直角应对向观测，并宜在同一气象条件下完成。计算高差时应考虑地球曲率的影响。两点间高差采用对向观测平均值。

（4）测距时，应测定气温和气压。气温读至 0.5 ℃，气压读至 1.0 hPa，并在斜距中加入气象改正。

（5）竖直角采用中丝法测量。

（6）光电测距三角高程测量，观测时间的选择取决于成像是否稳定。但在日出、日落时，大气垂直折光系数变化较大，不宜进行长边观测。

（7）往返的间隔时间应尽可能缩短，使往返测的气象条件大致相同，这样才会有效地抵消大气折光的影响。

（8）量距和测角应选择在较好的自然条件下观测，避免在大风、大雨、雨后初晴等折光影响较大的情况下观测。成像不清晰、不稳定时应停止观测。

3. 光电测距三角高程测量注意事项

（1）水准点光电测距三角高程测量可与平面导线测量合并进行，并作为高程转点。距离和角度必须进行往返测量。

（2）提高竖直角的观测精度，在三角高程测量中尤为重要，增加竖直角的测回数，可以提高测角精度。

（3）往返的间隔时间应尽可能缩短，使往返测的气象条件大致相同，这样才会有效地抵消大气折光的影响。

（4）量距和测角应选择在较好的自然条件下观测，避免在大风、大雨、雨后初晴等折光影响较大的情况下观测。成像不清晰、不稳定时应停止观测。

2.3.3.7　科傻软件数据处理方法

三角高程网平差计算的步骤为：

1. 数据录入

打开科傻软件，选择"文件"菜单下的"新建"，打开如图 2-3-4 所示的窗口，在其中编写已知数据和测量数据信息，格式如图所示，其结构如下，输完后保存（文件后缀名为".in1"例如：三角高程网.in1）。

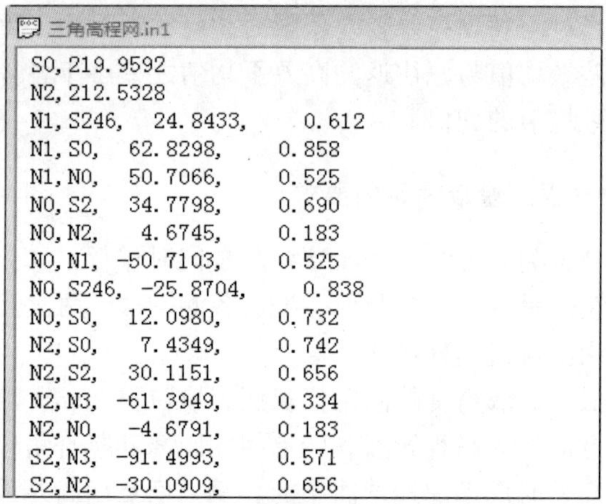

```
三角高程网.in1
S0, 219.9592
N2, 212.5328
N1, S246,   24.8433,      0.612
N1, S0,     62.8298,      0.858
N1, N0,     50.7066,      0.525
N0, S2,     34.7798,      0.690
N0, N2,      4.6745,      0.183
N0, N1,    -50.7103,      0.525
N0, S246,  -25.8704,      0.838
N0, S0,     12.0980,      0.732
N2, S0,      7.4349,      0.742
N2, S2,     30.1151,      0.656
N2, N3,    -61.3949,      0.334
N2, N0,     -4.6791,      0.183
S2, N3,    -91.4993,      0.571
S2, N2,    -30.0909,      0.656
```

图 2-3-4

第一部分：

已知点点号，已知点的高程。

第二部分：

测段起点点号，测段终点点号，观测高差，观测边长（测段表示每条光电测距边，测段距离为该边的平距，单位为"km"）。

2. 闭合差计算

在"工具"菜单中选择"闭合差计算"，弹出如图 2-3-5 所示的对话框，选择高程观测值文件"三角高程网.in1"进行闭合差计算，计算结果存放于闭合差结果文件"三角高程网.goc"中。

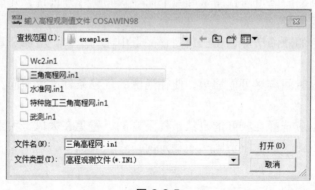

图 2-3-5

3. 平　差

在"平差"菜单下选择"高程网"，则弹出如图 2-3-5 所示的对话框，选择高程观测值文件"三角高程网.in1"进行平差计算，计算结果存放于平差结果文件"三角高程网.ou1"中。

4. 平面控制网平差报表

在"报表"菜单下选择"平差结果"中的"高程网"，弹出如图 2-3-6 所示的对话框，选择高程网结果文件"三角高程网.ou1"进行平差结果的输出，则成果保存到"三角高程网.rt1"文件中。

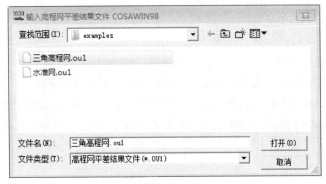

图 2-3-6

2.3.4　相关案例

可参见任务 2.1 案例部分。

2.3.5　知识拓展——精密光电测距三角高程测量

精密光电测距三角高程测量主要用于困难山区代替二等水准测量，所采用的全站仪应具自动目标识别功能，仪器标称精度不应低于（测角 0.5″、测距 $1+1\times10^{-6}$），所使用的全站仪应经过特殊加工，能在全站仪把手上安装反射棱镜，反射棱镜的安装误差不得大于 0.1 mm，并使用特制的水准点对中棱镜杆。

精密光电测距三角高程测量观测时应采用两台全站仪同时对向观测，在一个测段上对向观测的边数为偶数，不量取仪器高和觇标高，观测距离一般不大于 500 m，最长不应超过1 000 m，竖直角不宜超过 10°。测段起、止点观测应为同一全站仪、棱镜杆，观测距离在 200 m内，距离大致相等。

精密光电测距三角高程测量观测的主要技术要求应符合表 2-3-4 的规定。

表 2-3-4　精密光电测距三角高程测量观测的主要技术要求

等级	边长/m	测回数	指标差较差/(″)	测回间垂直角较差/(″)	测回间测距较差/mm	测回间高差较差/mm
二等	≤100	2	5	5	3	$\pm4\sqrt{S}$
	100～500	4				
	500～800	6				
	800～1 000	8				

注：S 为视线长度，单位为：km。

　　精密光电测距三角高程测量应采用往返观测，观测中应测定气温和气压。气温读至 0.5 ℃，气压读至 1.0 hPa，并在斜距中加入气象改正。

2.3.8　相关规范、规程与标准

1. GB 50026—2007《工程测量规范》，中华人民共和国国家标准。
2. TB 10101—2009/J 961—2009《铁路工程测量规范》，中华人民共和国国家标准。
3. TB 10601—2009/J 962—2009《高速铁路工程测量规范》，中华人民共和国国家标准。

思考题与习题

1. 绘图说明三角高程测量的原理。
2. 什么是球气差？分别进行说明。
3. 简述三角高程测量的观测方法。
4. 三角高程测量和水准测量比较起来，有哪些优点和缺点？
5. 通过查阅资料，列举一些三角高程测量应用方面的实例。

参考文献

[1] 孔祥元，郭标明. 控制测量学上、下册[M]. 3 版. 武汉：武汉大学出版社，2006.

[2] 林玉祥. 控制测量[M]. 北京：测绘出版社，2009.

[3] 张凤举，张华海，等. 控制测量学[M]. 北京：煤炭工业出版社，1999.

[4] 杨国清. 控制测量学[M]. 郑州：黄河水利出版社，2005.

[5] 中华人民共和国建设部，中华人民共和国国家质量监督检验检疫总局. 工程测量规范（GB 50026—2007）[S]. 北京：中国计划出版社，2008.

[6] 中华人民共和国铁道部. 铁路工程测量规范（TB 10101—2009/J 961—2009）[S]. 北京：中国铁道出版社，2010.

[7] 张志刚. 工程测量技术与应用[M]. 2 版. 成都：西南交通大学出版社，2013.

[8] 李青岳，陈永奇. 工程测量学[M]. 北京：测绘出版社，1995.

[9] 刘基余. GPS 卫星导航定位原理与方法[M]. 北京：科学出版社，2003.

[10] 中华人民共和国铁道部. 高速铁路工程测量规范（TB 10601—2009/J 962—2009）[S]. 北京：中国铁道出版社，2010.

[11] GB/T 18314—2009 全球定位系统（GPS）测量规范[S]. 北京：中国标准出版社，2009.

[12] GB/T 12897—2006 国家一、二等水准测量规范[S]. 北京：中国标准出版社，2006.